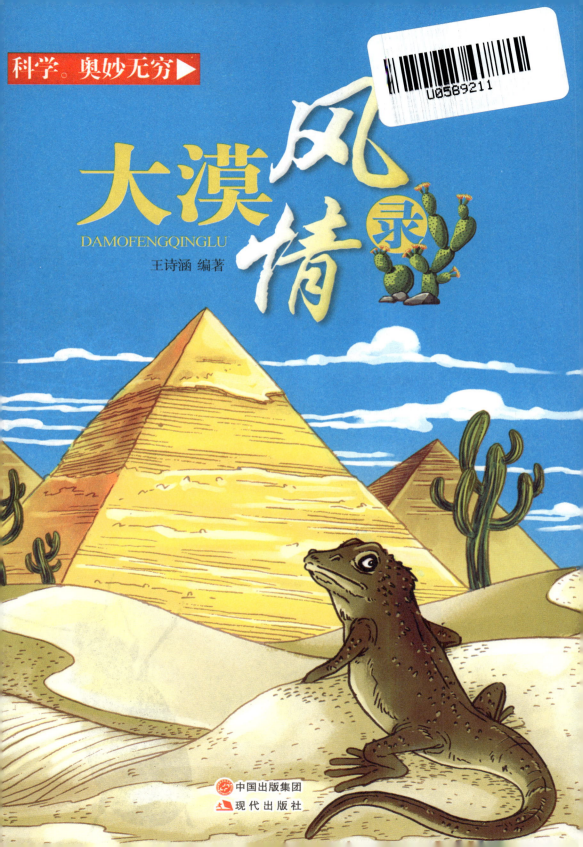

目 录

目录

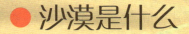 沙漠是什么

地理课本中读到的沙漠，给人的印象是荒芜、死寂和苍茫；边塞古诗词中读到了大漠，给人一种凄美的感觉和无限的诱惑；电影、电视中的沙漠，又充满着冒险和神秘……沙漠看似一片荒凉的不毛之地，但当你走进沙漠，你会发现浩瀚无际的沙漠其实充满着勃勃生机，充满着变数，充满着神奇，也充满着奥秘。有些生物在恶劣的环境中顽强地生存着，其强大的生命力令人惊叹。沙漠不仅给人类带来危害，同时也给人类带来福祉。那么，让我们共同走近沙漠，了解沙漠。

沙漠定义 〉

沙漠是指沙质荒漠,地球陆地的1/3是沙漠。因为水很少,一般以为沙漠荒凉无生命,有"荒沙"之称。和别的区域相比,沙漠中生命并不多,但是仔细看看,就会发现沙漠中藏着很多动物,尤其是晚上才出来的动物。沙漠地域大多是沙滩或沙丘,沙下岩石也经常出现。泥土稀薄,植物也很少。有些沙漠是盐滩,完全没有草木,沙漠一般是风成地貌。沙漠里有时会有稀有的矿床,近代也发现了很多石油。因为沙漠少有居民,所以资源开发也比较容易。沙漠气候干燥,但它是考古学家的乐居,因为在那里可以找到很多人类的文物和更早的化石。

全世界陆地面积为1.62亿平方千米,占地球总面积的30.3%,其中约1/3(4800万平方千米)是干旱、半干旱荒漠地,而且每年以6万平方千米的速度扩大着。而沙漠面积已占陆地总面积的10%,还有43%的土地正面临着沙漠化的威胁。中国沙漠总面积约70万平方千米,如果连同50多万平方千米的戈壁在内总面积为128万平方千米,占全国陆地总面积的13%。中国西北干旱区是中国沙漠最为集中的地区,约占全国沙漠总面积的80%。主要沙漠有塔克拉玛干沙漠、古尔班通古特沙漠、巴丹吉林沙漠、腾格里沙漠以及库姆塔格沙漠等。有人认为沙漠就是沙地,沙漠就是戈壁,其实不是这样的,它们之间是有区别的。

沙地

• 沙漠和沙地的区别

　　我国地理学界为了强调东西部沙漠自然条件和景观的差异，又对东部沙漠使用了"沙地"一词，沙漠和沙地的区别在于：沙漠是指地表被大面积沙丘覆盖，一般以流动沙丘为主，干燥多风，缺乏流水和植被稀少的地区，如新疆的塔克拉玛干沙漠、内蒙古的巴丹吉林沙漠和腾格里沙漠等。

　　沙地是指地表被沙丘（或沙）覆盖，通常以固定或半固定沙丘为主，气候半干旱或半湿润，多风少水流和植被较少的地区，如内蒙古的毛乌素沙地、科尔沁沙地和浑善达克沙地等。一般是指狭义的沙漠。

• 沙漠和戈壁滩的区别

　　戈壁滩不是一个地名，而是一种地质现象，"戈壁"在维吾尔语里面就是"沙漠"的意思。

　　我国的戈壁滩主要分布在新疆、青海、甘肃、内蒙和西藏的东北部等地。戈壁是粗砂、砾石覆盖在硬土层上的荒漠地形。按成因砾质戈壁可分为风化的、水成的和风成的3种。一般来说，形成戈壁滩的主要原因是洪水冲积。当暴发洪水，特别是山区洪水时，由于出山洪水能量的逐渐减弱，在洪水冲击地区形成如下地貌特征：大块的岩石堆积在离山体最近的山口处，

9

岩石向山外依次变小，随后出现的就是拳头大小到指头大小的岩石。由于长年累月日晒、雨淋和大风的剥蚀，棱角都逐渐磨圆，变成了我们所说的石头（学名叫砾石）。这样，戈壁滩也就形成了。而那些更加细小的砂和泥则被冲积、漂浮得更远，形成了更远处的大沙漠。

沙漠指沙质荒漠，整个地面覆盖大片流沙，广泛分布着各种沙丘。在风力作用下，沙丘移动，对人类造成严重危害。沙漠的地表覆盖的是一层很厚的细沙状的沙子，沙漠的地表是会自己变化和移动的，当然是在风的作用下，因为沙会随着风跑。沙丘就会向前层层推移，变化成不同的形态。戈壁就不会那样了。因为戈壁的地表是由黄土还有稍微大一点的砂石混合组成的，其比例大概为1:1。在戈壁滩上还分布或多或少的植被。在起风的时候吹起的大多是尘土，风力大时也会出现飞沙走石的景观，但是戈壁的地貌是不会改变的。戈壁是沙漠的前身，戈壁在风蚀作用进一步的侵蚀下就会演变成沙漠，戈壁是荒漠的一个类型，即地势起伏平缓、地面覆盖大片砾石的荒漠。戈壁地面因细砂已被风刮走，剩下砾石铺盖，因而有砾质荒漠和石质荒漠的区别。因为水很少，一般以为沙漠荒凉无生命，有"荒沙"之称。沙漠是一片很少下雨的地域，沙漠以沙为主，看不见砾石，有少量植物分布。戈壁表层以砾石为主，看不见沙和土壤，基本上没有植物生长。

戈壁滩

边塞诗中的沙漠

边塞诗是以边疆地区军民生活和自然风光为题材的诗。一般认为，边塞诗初步发展于汉魏六朝时代，隋代开始兴盛，唐即进入发展的黄金时代。据统计，唐以前的边塞诗，现存不到200首，而《全唐诗》中所收的边塞诗就达2000余首。沙漠是边塞诗中经常出现的场景。如，"黄沙漠南起，白日隐西隅。"（陈子昂）"大漠风尘日色昏，红旗半卷出辕门。"（王昌龄）"大漠沙如雪，燕山月似钩。"（李贺）"大漠孤烟直，长河落日圆。"（王维）。

沙漠形成的原因和过程 〉

　　就自然界方面的原因来说，风是制造沙漠的动力，沙是形成沙漠的物质基础，而干旱则是出现沙漠的必要条件。风吹跑了地面的泥沙，使大地裸露出岩石的外壳，或者仅仅剩下些砾石，成为荒凉的戈壁。那些被吹跑的砂粒在风力减弱或遇到障碍时堆成许多沙丘，掩盖在地面上，形成了沙漠。地球上南北纬15°~35°之间的信风带，气压较高，天气稳定，雨量较少，空气干燥，是容易形成沙漠的地带。就社会原因来说，有滥伐森林、破坏草原、战争或其他原因破坏了干旱地区的水利工程等等。

　　沙漠的形成主要可以分为两个因素，人为因素与自然因素。

12

• 自然因素

就自然界的原因来说，沙漠的形成有3个原因：风是制造沙漠的动力，沙是形成沙漠的物质基础，干旱是出现沙漠的必要条件。风可使岩石风化成沙并将它们运到某处集成沙漠，但并非有风的地方都会形成沙漠，其中重要的原因就是干旱。缺少植被覆盖的地表，其土壤会被吹走，岩石会被风化而形成沙漠的源头——戈壁。地球上南北纬13°~35°之间是信风带，气压高，天气稳定，雨量少，是容易形成沙漠的地方。世界上许多著名的大沙漠都分布在这些地方。

我国的沙漠形成于第四世纪时期，经过漫长地质历史时期的演化才形成今日沙波浩渺的沙漠景观。各种研究资料表明，早在中更新世时期，塔里木盆地中就已形成了面积较大的风沙堆积。在毛乌素沙地也发现有中更新世的古风沙堆积。晚更新世晚期至全新世早期，我国的古风沙堆积的范围和规模均发生了重大的变化。当时，全球性气候趋于干冷，洋面大幅度下降，古海岸最远退至现代大陆架的外缘，使我国北部，尤其是西北地区的内陆干旱气候得到进一步加强，造成大量湖泊消亡，河流干涸。在干旱多风和富沙的条件下，使塔里木、准噶尔盆地，祁连山以北，贺兰山附近，内蒙古高原东南部，西辽河以及呼伦贝尔高原等地，形成了大面积沙质荒漠景观。我国沙漠的形成是经过长期的正逆演化，才形成现今的地貌景观。在其演化过程中，中更新世晚期、晚更新世晚期至全新世早期、全新世晚期，是我国沙漠、沙地发生和发展的重要时期，其发生过程也是沙漠化作用较为强烈而又广泛的时期。

13

大漠风情录

• 人为因素

人为破坏自然环境的行为会加速沙漠的形成，人为因素主要有3个方面：（1）乱砍滥伐。无论在沙漠地区或是原生草原地区，一经开垦，土地就会很快沙化。乱加开荒、滥垦草场的现象，致使草场沙化急剧发展。由于风蚀严重，沙荒地区开垦后，最初1~2年单产尚可维持二三十千克，以后连种子都难以收回，只有弃耕，加开一片新地，这样导致"开荒一亩，沙化三亩"。据统计，仅鄂尔多斯地区开垦面积就达120万公顷，造成120万公顷草场不同程度地沙化。（2）过度放牧。由于牲畜过多，草原产草量供应不足，使很多优质草种长不到结种或种子成熟就被吃掉了。

另外，占牲畜总数一半以上的山羊，行动很快，善于剥食沙生灌木茎皮，刨食草根，再加上践踏，使草原产草量越来越少，形成沙化土地，造成恶性循环。（3）不合理的樵采。从历史上来讲，樵采是造成我国灌溉绿洲和旱地农业区流沙形成的重要因素之一。樵采和砍伐都是破坏植被的行为，而区别在于樵采的目的是获取薪柴，砍伐的目的是获取木材。以伊克昭盟为例，据估计5口之家年需烧柴700多千克，若采油蒿则每户需5000千克，约相当于3公顷多固定、半固定沙丘所产大部分或全部的油蒿。据统计，伊克昭盟仅樵采一项而使巴拉草场沙化的面积就达20万公顷。

14

变幻莫测的沙漠气候 >

沙漠气候也叫荒漠或干旱气候，沙漠气候是沙漠环境形成的最重要的要素之一。现在的沙漠气候是通过地质时期及历史时期演变而来的。沙漠所特有的气候是人类活动的丰富资源，但同时也会带来灾害，如沙尘暴、热浪及洪水。极端干旱的沙漠气候，跨越纬度大，不同区域气温差别很大。根据所处纬度的不同，可分为热带沙漠气候、中纬度沙漠气候以及撒哈拉沙漠气候3类。

• 热带沙漠气候

主要分布在南、北纬 20° 左右的大陆西侧，夏季炎热，冬季不冷。由于这种地区长期处于副热带高压的控制之下，盛行下沉气流，大气层稳定，在其西侧沿海地区又常受冷洋流的影响，更增加了大气的稳定度，抑制了空气对流的发展，故降水稀少。由于降水量远小于蒸发量，水分长期入不敷出，就形成了干燥的沙漠气候。如撒哈拉沙漠、澳大利亚西部和秘鲁等地区的气候。

• 中纬度沙漠气候

主要分布于大陆的中心腹地。这种地区远离海洋，湿润气流难以到达，形成了极端大陆性气候：夏季炎热，冬季寒冷，气温日较差和年较差都几乎是全球的极大值，降水极少甚至终年无雨。如中国新疆的塔克拉玛干沙漠和中亚的卡拉库姆沙漠，都是典型的中纬度沙漠气候区。按照柯本气候分类，沙漠气候总面积约占全球大陆面积的 12%。在沙漠气候条件下，日照时间长、昼夜温差大，在有灌溉条件的沙漠绿洲，农业可获高产，且具有利用太阳能的条件。因此，在全球人口迅速增加，而可开垦地又有限的情况下，利用沙漠地区的气候资源问题，已经引起了科学界的重视。

中纬度沙漠的气候特点：（1）降水量少而变率大：北非撒哈拉沙漠中的亚斯文曾有连续多年无雨的记录；而在南美智利北部沙漠的阿里卡，连续 17 年中仅下过 3 次可量出雨量的阵雨，而 3 次总量仅 5.1 毫米，降水量极少。同样位于智利北部沙漠的伊基圭曾连续 4 年无雨，但第五年的一次阵雨就降了 15 毫米，在另一年的一次阵雨记录竟达 63.5 毫米，可见变率之大。热带沙漠的降雨多为暴发性的阵雨，往往引起剧烈的水土流失。

（2）气温高、温差大：由于云量少，日照强，又缺乏植被覆盖，空气湿度小，因此白天气温上升极快。在北非曾有高达 58℃ 的记录，一般夏天的月均温大都在 30℃ ~35℃ 之间，而且高温的时间很长，如阿拉伯半岛的亚丁，一年有 5 个月的月均气温在 30℃ 之上。沙漠的夜间较凉，因为整夜无云，地面辐射强，散热快，夜间最低温度一般在 7℃ ~12℃ 之间，也有出现薄霜的日子。年温差一般在 10℃ ~20℃ 左右，而日温差更大，在 15℃ ~30℃ 之间。在北非的黎波里以南的一个气象观测站，1978年 12 月 25 日曾有白天最热达 37.2℃，而晚上降至最低温 −0.6℃ 的记录，日温差达 37.8℃，真是可用"早穿皮袄午穿纱"来形容。

（3）蒸发强、相对湿度小：热带沙漠气候因为经常无云、风大、日照强、气温高、相对湿度小，因此蒸发力非常旺盛。蒸发散量约为降水量的 20 倍以上，甚至达百倍。空气中的相对湿度很小，在埃及撒哈拉沙漠经常出现 2% 左右的相对湿度。

17

撒哈拉沙漠风景图

撒哈拉沙漠古城

• 撒哈拉沙漠气候

　　撒哈拉沙漠是世界上最大的沙漠，位于非洲北部，西至大西洋，东至尼罗河，北起阿特拉斯山麓，南至苏丹，东西4800千米，面积700余平方千米。阿特拉斯山隔开了撒哈拉沙漠，以北为地中海盎绿、明朗的景观。阿尔及利亚的阿尔及尔、摩洛哥的卡萨布兰卡等观光地区，均集中于此。

　　自古以来，撒哈拉这个枯寂的大自然，便拒绝人们生存于其间。风声、沙动，支

配着这个壮观的世界，风的侵蚀，沙粒的堆积，造成了这个极干燥的地表。在这片广袤的地域，绿洲的出现，往往是沙漠旅行者最渴望的乐园。随着沙漠自然生态的不同，沙漠上的居民从事各种农耕或杂粮栽培，更有那逐水草而居的游牧民族。

> ### 三毛与撒哈拉
>
> 　　著名作家三毛（1943–1991），台湾作家。1943 年 3 月 26 日出生于重庆，浙江省定海县人，本名陈懋平，1946 年改名陈平，笔名"三毛"。1964 年入台湾文化大学哲学系，肄业后曾留学欧洲，婚后定居西属撒哈拉沙漠加那利岛并以当地的生活为背景，写出一连串情感真挚的作品。其代表作《撒哈拉的故事》由 12 篇精彩动人的散文结集而成。

大自然设计出的巧妙机关
——流沙 >

流沙是大自然所设计出的最巧妙机关，它可能藏在河滨海岸甚至邻家后院，静静地等待人们靠近，让人进退两难。在1692年，牙买加的罗伊尔港口就曾发生过因地震导致土壤液化而形成流沙，最后造成1/3的城市消失、2000人丧生的惨剧。看似平静的英国北部海、美丽而危险的阿拉斯加峡湾等地也曾发生过流沙陷人的故事。但是，大多数人往往都没见过流沙，更没有亲眼目睹别人掉进流沙或者亲身经历过。人们对于流沙的印象主要基于各种影片，在电影塑造的场景中，流沙是一个能把人吸入无底洞的大怪物。人们身陷其中便不能自拔，同伴只能眼睁睁地看着受困者顷刻间被沙子吞噬。

其实，流沙是一种自然现象——它实际上是由于水分过饱和度而发生液化的坚实地面。"流"是指沙子在这种半流体状态下非常容易移动。

流沙并不是一种特殊类型的土

22

壤，它通常就是沙子或另外一种类型的颗粒状土壤。流沙不过是沙子与水的糊状混合物——实际上，沙子是漂浮在水上的。据美国地质调查局的地质学家丹尼斯·杜穆谢尔介绍，只要条件适宜，流沙可以出现在任何地方。

当一片散沙带的水分达到饱和时，普通沙子就会翻滚起来，从而形成流沙。如果被沙子捕获的水分无法从中脱离，就会形成液化土，液化土无法再承受重量。有两种方式可使沙子的翻滚程度增加，最终形成流沙：虽然流沙可以发生在几乎任何有水的地方，但是在某些地方流沙出现得尤为频繁。最容易发生流沙的地方包括河堤、海滩、湖岸线、地下泉附近、沼泽等。

● 沙漠有什么

多数沙漠植物是抗旱或抗盐的植物。有些在根、茎、叶里存水；有些具有庞大的根茎系统，可以达到地下水层，拦住土壤，防止水土流失；有些有较大的茎叶，可以减低风速，保存沙土。沙漠上的植物分布比较稀薄，但是品种并不单一。

据有关专家统计，我国沙漠地区常见的植物在800种左右，包括山麓、戈壁、山前平原、盐土等各种生境上的种类共1800种左右。包括荒漠区各山系在内，初步统计全沙区植物为3913种，约相当于中亚总种数6000种的2/3。由于沙区地跨草

原与荒漠区，两区共有种子植物7500余种，扣除重复共有植物在5000种以上，约占全国植物总数的20%，其中，资源植物达1700余种。以沙漠乔、灌、草特色植物资源的花、叶、皮、干、根、种子、果实、果壳、果仁、树液、树脂、寄生植物等为原料，加工制成油脂、芳香油、淀粉、食品、纤维、饮料、肥料、鞣料、添料、药材等产品是建立沙区产业体系的基本途径。如根据产品类型可分为木本油料类、果品类、工业原料类、香料调料类、药用植物类、饲料类、薪炭类、绿肥灌木类、寄生生物类、编织材料类、淀粉类、饮料类、蜜源植物类、树脂类、水草藻类15大类。

• 巨柱仙人掌

仙人掌科植物。原产美国亚利桑那州等地。本种以挺拔高大著称，其垂直的主干高达15米，重达10吨，能活200年。称为沙漠里的树木。巨仙人掌成长很慢，9年之后才有15厘米，75年才分第一个枝。因为身躯庞大，看起来好像沙漠里有很多仙人掌。茎干具有极强的储水能力。一场大雨过后，一株巨大的巨人柱的根系能吸收大约1吨水。被称为沙漠植物中的"储水冠军"。

原产干旱或半干旱地区的仙人掌类植物，常具有在干旱季节休眠的特性，雨季来临时，它们迅速吸收水分重新生长，并开放出艳丽的花朵。它们的叶子变异成细长的刺或白毛，可以减弱强烈阳光对植株的危害，减少水分蒸发，同时还可以使湿气不断积聚凝成水珠，滴到地面被分布得很浅的根系吸收；茎干变得粗大肥厚，具有棱肋，使它们的身体伸缩自如，体内水分多时能迅速膨大，干旱缺水时能够向内收缩，既保护了植株表皮，又有散热降温的作用。气孔晚上开放，白天关闭，减少水分散失。茎干大多变成绿色，代替叶子进行光合作用，制造养料。通常根系发达，具有很强的吸水能力。正是这些形态结构与生理上的特性，使仙人掌类植物具有惊人的抗旱能力。

广义的多浆植物（又称多肉植物）包括仙人掌科、番杏科及景天科、大戟科、萝摩科、百合科等50多个科的部分植物，它们多数原产于热带、亚热带干旱地区。植物的茎、叶肥厚而多浆，具有发达的贮水组织。全世界共有多浆植物1万余种。

巨人柱

骆驼刺

• 胡杨

　　有特殊的生存本领。它的根可以扎到10米以下的地层中吸取地下水，体内还能贮存大量的水分，可防干旱。胡杨的细胞有特殊的功能，不受碱水的伤害；细胞液的浓度很高，能不断地从含有盐碱的地下水中吸取水分和养料。折断胡杨的树枝，从断口处流出的树液蒸发后留下生物碱。胡杨碱除食用外，还可制造肥皂，或用来制革。人们利用胡杨生产碱，一株大胡杨树一年可生产几十斤碱。

• 骆驼刺

　　在巍巍祁连山下，在茫茫戈壁滩上，生存着一种西北内陆特有的植物——骆驼刺，无论生态系统和生存环境如何恶劣，这种落叶灌木都能顽强地生存下来并扩大自己的势力范围。君不见在一望无际的戈壁滩上，在白杨都不能生存的环境中，只有一簇又一簇的骆驼刺在阳光下张扬着生命的活力。骆驼刺属豆科、落叶灌木。枝上多刺，叶长圆形，花粉红色，6月开花，8月最盛，每朵花可开放20余天，结荚果，总状花序，根系一般长达20米。从沙漠和戈壁深处吸取地下水分和营养，是一种自然生长的耐旱植物，新疆各地均有分布。骆驼刺有花内和花外两种蜜腺，花外蜜腺泌汁凝成糖粒，称为刺糖，群产量可达30~40千克。骆驼刺是骆驼的牧草，所以又称骆驼草，是一种矮矮的地表植物。

• 短命菊

短命菊是世界上生命周期最短的植物之一，它的寿命不到一个月。这种生活习性是它适应特殊生存环境的结果。短命菊又叫"齿子草"，是菊科植物，生活在非洲撒哈拉大沙漠中。那里长期干旱，很少降雨。许多沙漠植物都用退化的叶片、保存水分的本领来适应干旱环境。短命菊却与众不同，它形成了迅速生长和成熟的特殊习性。只要沙漠里稍微降一点雨，地面稍稍有点湿润，它就立刻发芽，生长开花。整个一生的生命周期，只有短短的三四个星期。它的舌状花排列在头状花序周围，像锯齿一样。有趣的是，短命菊的花对湿度极其敏感，空气干燥时就赶快闭合起来；稍稍湿润时就迅速开放，快速结果。果实熟了，缩成球形，随风飘滚，传播他乡，繁衍后代。由于它生命短促，来去匆匆，所以称为"短命菊"。

- 河西菊

　　河西菊为多年生草本植物，菊科单属种，生于沙地，仅产于甘肃、新疆等省区，为我国特有种，具观赏价值，可用于固沙。

- 泡果沙拐枣

　　泡果沙拐枣是优良固沙及观赏灌木，生于砾石荒漠、沙地及固定沙丘，产于新疆、内蒙古地区，蒙古和中亚有分布。高40~100厘米。多分枝，枝开展，老枝黄灰色或淡褐色，呈"之"字形拐曲；幼枝灰绿色，有关节，节间长1~3厘米。叶线形，长3~6毫米，与托叶鞘分离；托叶鞘膜质，淡黄色。花通常2~4朵，生叶腋，较稠密；花梗长3~5毫米，中下部有关节；花被片宽卵形，鲜时白色，背部中央绿色，干后淡黄色。瘦果椭圆形，不扭转，肋较宽，每肋有刺3行；刺密，柔软，外罩一层薄膜呈泡状果；果圆球形或宽椭圆形，长9~12毫米，宽7~10毫米，幼果淡黄色、淡红色或红色，成熟果淡黄色、黄褐色或红褐色。花期4-6月，果期5-7月。

泡果沙拐枣

河西菊

• 罗布麻

罗布麻又名野麻、野茶、茶叶花、红花草、红柳子、泽漆麻等，是一种世界上稀有的野生植物，它主要生长在沙漠盐碱地或河岸、山沟、山坡的沙质地上，在我国北方大多省区都有生长，新疆沙漠地区的罗布麻品质最佳。自古以来，罗布麻就被国人誉为"仙草"。

罗布麻是夹竹桃科茶叶花属作物，多年生野生草本韧皮纤维植物。有红麻和白麻等不同的种。

罗布麻根有直生根和横生根两种，两者都可长出新芽，是无性繁殖的良好材料。茎丛生，多直立，幼茎在空旷处常呈匍匐状。白麻幼苗为浅绿色或灰白色，成长后为浓绿色，株高 1.0~1.5 米。红麻幼苗紫红色。背阴部分为绿色，株高 1.5~2.0 米，分枝习性强，纤维细胞位于麻茎韧皮部内，纤维束松散，皮层下部有乳管细胞，含有大量乳白胶质。

罗布麻

沙棘

沙冬青

• 沙棘

　　沙棘是植物和其果实的统称。植物沙棘为胡颓子科沙棘属，是一种落叶性灌木，其特性是耐旱，抗风沙，可以在盐碱化土地上生存，因此被广泛用于水土保持。国内分布于华北、西北、西南等地。沙棘为药食同源植物。沙棘的根、茎、叶、花、果，特别是沙棘果实含有丰富的营养物质和生物活性物质，可以广泛应用于食品、医药、轻工、航天、农牧渔业等国民经济的许多领域。沙棘果实入药具有止咳化痰、健胃消食、活血散淤之功效。现代医学研究，沙棘可降低胆固醇，缓解心绞痛发作，还有防治冠状动脉粥样硬化性心脏病的作用。

• 沙冬青

　　沙冬青，常绿灌木，高1~2米。分布于内蒙古、宁夏和甘肃等地海拔1000至1200米低山地带。为常绿超旱生植物。喜沙砾质土壤，种子吸水力强，发芽迅速。花开4、5月，7月果熟。沙冬青是古老的第三纪残遗种，为阿拉善荒漠区所特有的建群植物。目前，由于过度樵采，沙冬青群落遭到严重破坏，分布面积日趋缩小，若不加强保护，将面临着逐渐灭绝的危险。

31

光棍树

• 光棍树

大戟科多浆植物。原产非洲的热带干旱地区。为了减少水分蒸发，叶子逐渐退化，甚至消失；树枝变成绿色，代替叶子进行光合作用。因其树形奇特，无刺无叶，被人们称作"光棍树"。它茎干中的白色乳汁可以制取化工原料。

• 佛肚树

大戟科多浆植物。原产中美洲西印度群岛阳光充足的热带地区。肉质灌木，茎干基部膨大呈卵圆状棒形，犹如佛肚。6~8片盾形叶簇生枝顶，花鲜红色，具长柄。

• 百岁兰

百岁兰科古老的裸子植物。原产西南非洲沙漠。成年的植株终生只有一对长达 2~3 米的大型带状叶片，是叶片寿命最长的植物。据记载最老的百岁兰寿命达 2000 年，所以人们又称其为"千岁兰"。

• 芦荟

百合科芦荟属植物，原产非洲，约有 200 种，大多可供观赏或药用。芦荟具有惊人的修复受损组织的能力，使伤处自然痊愈；芦荟能抑制黑色素生成，促进人体皮肤组织生长；芦荟的汁液具有灭菌、消炎的作用，正是这些药用功效和美容价值使芦荟近年来备受人们关注，被广泛地应用于保健、美容、护肤、防癌等制品。

• 金琥

仙人掌科植物，原产墨西哥中部干燥、炎热的热带沙漠地区。茎圆球形，单生或丛生，高 1.3 米，直径 80 厘米或更大。球顶密被金黄色锦毛。刺金黄色。钟形黄色的花着生于球顶部绵毛丛中。

芦荟

金琥

33

• 沙漠植物生存特征

茫茫的沙漠中，气候特别干燥炎热，一年的降雨量很少，一般不超过25毫米，有的地方甚至整年不下雨。沙漠地区气候干旱、高温、多风沙，土壤含盐量高。植物要有奇异的适应沙漠自然环境的能力，才能生存和生长。因此，沙漠里的植物与一般地区的植物相比，在外表形态、内部结构，以及生理作用等方面都很不相同。主要特征有：

（1）多数的多年生沙生植物有强大的根系，以增加对沙土中水分的吸取。一般根深和根幅都比株高和株幅大许多倍，水

平根（侧根）可向四面八方扩展很远，不具有分层性，而是均匀地扩散生长，避免集中在一处消耗过多的沙层水分。如灌木黄柳的株高一般仅2米左右，而它的主根可以钻到沙土里3.5米深，水平根可伸展到二三十米以外，即使受风蚀露出一层水平根，也不至于造成全株枯死。栽植仅1年的黄柳的侧根可达11米。但是，有些一年生的植物根很浅，春天偶然降了点雨，哪怕是很少，只要地表湿润，它们也充分利用起来，蓬勃地生长、开花、结实，在相当短暂的时间里完成它的生命周期，以

便躲过干旱高温的夏季。人们称它们为"短命植物"。

（2）为减少水分的消耗，减少蒸腾面积，许多植物的叶子缩得很小，或者变成棒状或刺状，甚至无叶，用嫩枝进行光合作用。梭梭就是无叶，由绿色枝条起光合作用的，故称为"无叶树"。有的植物不但叶子小，花朵也很小，例如柽柳（红柳）就是这样。有的植物为了抑制蒸腾作用，叶子的表皮细胞壁强度木质化，角质层加厚，或者叶子表层有蜡质层和大量的毛被覆，叶组织气孔陷入并部分闭塞。

（3）许多沙生植物的枝干表面变成白色或灰白色，为了抵抗夏天强烈的太阳光照射，免于受沙面高温的炙灼，如沙拐枣。

（4）有很多植物的萌蘖性强，侧枝韧性大，能耐风沙的袭击和沙埋。柽柳（红柳）就是这样，沙埋仍可生不定根，萌枝生长更旺。中国沙漠、戈壁地区，风沙活动强烈，生长在低湿地的柽柳经常遭到流沙的侵袭，使灌丛不断积沙。而柽柳在沙埋后由于不定根的作用，仍能继续生长，于是"水涨船高"，形成了高大的灌丛沙堆（沙包）。

（5）许多植物是含有高浓度盐分的多汁植物，可从盐度高的土壤中吸收水分以维持生活，如碱蓬、盐爪爪等。沙漠里的植物传种的办法也是很奇特的。很多一年生或多年生的植物种子上长了翅膀或毛，种子成熟后就随着风飞翔和远扬，遇到合适的地方就发芽生长。如柽柳的种子粒小，具白色冠毛（束毛），借风飘落，天然下种，

种子发芽率可达 80% 以上，种子一落到低湿地上，一般 2~3 天就可发芽出苗，迅速生长。还有的植物，像花棒一样的荚果有节，成熟时节间断落，每节鼓起呈球状，体轻，遇风即在沙地表面滚动，不被沙埋，在条件合适时迅速发芽生长。再有一种油蒿的种子，遇上一点点雨水后，立即渗出胶质，俗称"油蒿胶"，变得黏黏的，随着风在沙丘上滚来滚去，当全身粘上很多沙土后就发芽了。

另外，我们也可以从沙漠中生长的植物来看，无论是仙人掌还是仙人球，它们都浑身长满了刺。植物学家告诉我们，那是由于沙漠中缺少水，这些植物为了减少体内水分的蒸发，将叶子变成了刺。这些植物由于没有会走动的腿，只能以这种方式顽强地生活着。

35

• 沙漠植物抗旱奥秘

沙漠地区的植物，因其能在恶劣环境中顽强生存，一直是植物学家多年来探索的对象。科学家研究认为，在高温缺水的恶劣环境下，沙漠植物具有一些奇特的生存本领。

沙漠植物的根，像生长在水源丰富区的植物一样，呈现出向地性，但它们还有普通植物所没有的、抗拒地球引力牵引的特别作用，一旦它们伸展到30厘米左右或更深的深度，便往上生长，这些向上生长的根，在靠近土壤表面处分枝，以便吸收稀少的水分。这种本领是其他植物望尘莫及的。

遗传学家采集了生长在沙漠里的沙漠草和灌木，鉴定证实，在它们的根部共生有3种非病源真菌，它们能帮助植物度过长期的干旱。

第一种真菌叫泡囊菌，是多数植物所具有的，在根部分布很广。第二种是网状菌，它能分解植物而获得营养物质。第三种真菌能调节营养物质的摄入。

这3种真菌和谐地工作，它们从空气、落叶和土壤矿物质中摄取水分以及营养物质，并将其储存起来，然后在长时期缺水的情况下，慢慢地释放出这些有限而珍贵的资源，以供应植物所需，确保这些植物在沙漠中生存。

与此同时，这些真菌能使有毒的矿物质和盐不被吸入，还能使细沙粒聚集在灌木根部周围，以增强土壤的保水力。更让人不可思议的是，有些沙漠植物有无性生殖的功能，这有助于其生命的延续。

沙漠中的动物 〉

在浩瀚的沙漠，除骆驼外还生存着其他一些小动物，这些小动物都具有耐旱的生理特点。它们不需要喝水，能直接从植物体中取得水分和依靠特殊的代谢方式获得所需水分，并在减少水分的消耗方面有一系列的生理—生态适应机制。它们穴居生活，保护自己避免一切侵害；在洞穴里，可以躲避敌人、避暑和在无饲期间蛰伏不食。首先向你介绍沙漠行走的使者——骆驼。

• 沙漠之舟——骆驼

　　骆驼是偶蹄目骆驼科骆驼属两种大型反刍哺乳动物的统称，分单峰驼和双峰驼。单峰驼只有一个驼峰，双峰驼又称大夏驼，有两个驼峰。骆驼四肢长，足柔软、宽大，适于在沙上或雪上行走。胸部及膝部有角质垫，跪卧时用以支撑身体。奔跑时表现出一种独特的步态，同侧的前后肢同时移动。具有两排睫毛以保护眼睛，耳孔有毛；鼻孔能闭合，视觉和嗅觉敏锐，这些均有助于适应多风的沙漠和其他不利环境。经过训练和恰当管理的骆驼性情驯顺，但也会发怒，尤其在发情期。发怒时口喷唾液，并会咬人、踢人，十分危险。

　　骆驼原产于北美，后来其分布范围扩大到南美和亚洲，而在其产地则消失了。传统上骆驼被用作重要的驮畜。虽然双峰驼行进速度仅为每小时 3~5 千米，但能长时间地背负重物，每日可行 50 千米。单峰驼腿更长些，人骑坐时能保持每

39

小时 13~16 千米的速度达 18 个小时。

　　骆驼能以稀少的植被中最粗糙的部分为生，能吃其他动物不吃的多刺植物、灌木枝叶和干草，但如果有更好的食物，它们也乐意取食。食物丰富时，骆驼将脂肪储存在驼峰里，条件恶劣时，即利用这种储备。驼峰内的脂肪不仅用作营养来源，脂肪氧化又可产生水分。因此骆驼能不食不饮数日，据记载，骆驼曾 17 天不饮水仍存活下来。骆驼体内水分丢失缓慢，脱水量达体重的 25% 仍无太大影响。骆驼能一口气喝下 100 升水，并在数分钟内恢复丢失的体重。因为骆驼的这些特性，人们称它们是沙漠之舟。冬季，骆驼生长出蓬松的粗毛，到春天粗毛脱落，身体几乎裸露，直到新毛开始生长。雌骆驼每产一崽，哺乳期 1 年。骆驼的寿命为 40~50 年。

　　经解剖证实，驼峰中贮存的是沉积脂肪，不是一个水袋。而脂肪被氧化后产生的代谢水可供骆驼生命活动的需要。因此有人认为，驼峰实际存贮的是"固态水"。经测定，1g 脂肪氧化后产生 1.1g 的代谢水，一个 45kg 的驼峰就相当于 50kg 的代谢水。但事实上脂肪的代谢不能缺少氧气的参与，而在摄入氧气的呼吸过程中，从肺部失水与脂肪代谢水不相上下。这一事实说明，驼峰根本就起不到固态水贮存器的作用，而只是一个巨大的能量贮存库，

它为骆驼在沙漠中长途跋涉提供了能量消耗的物质保障。

骆驼的瘤胃被肌肉块分割成若干个盲囊，即所谓的"水囊"。有人认为骆驼一次性饮水后胃中贮存了许多水才不会感到口渴。而实际上那些水囊只能保存5～6L水，而且其中混杂着发酵饲料，呈一种黏稠的绿色汁液。这些绿汁中含盐分的浓度和血液大致相同，骆驼很难利用其胃里的水。而且水囊并不能有效地与瘤胃中的其他部分分开，也因为太小不能构成确有实效的贮水器。从解剖观察，除了驼峰和胃以外，再没有可供贮水的专门器官。因此可断定，骆驼没有贮水器。

日本学者太田次郎在他所著的《生命的奥秘》一书中指出，骆驼耐旱的重要因素之一，也许是它出色的保水能力。因为骆驼除了在一天中最热时出汗外，通常不出汗，体温也不怎么上升。原因何在呢？因为它的体温会起变化，沙漠中气候温差大，白天极热，骆驼体温升高，夜晚寒冷体温又随之下降。而且它还身披厚厚的驼毛，能抵御白天火热的太阳和夜晚的寒冷，这样就保证了体内水分极少散失。

• 甲虫

非洲纳米布沙漠生活着一种甲虫，仅拇指甲那样大，背上有很多"麻点"突起物，或大或小，密密麻麻。生命离不开水，在茫茫的沙漠之上，它是通过什么方式寻找水的呢？英国的研究者在《自然》杂志上报告说，纳米布沙漠多风、少雨，然而大雾却是十分常见。这种甲虫寻找水的奥秘就在雾中。科学家发现，"麻点"就像一座山峰，"麻点"与"麻点"之间的就是"山谷"，在电子显微镜下，可以见到，在"麻点"和"山谷"上，覆盖着披着蜡状外衣的微小球状物，形成防水层。大雾来临时，沙漠甲虫身体倒立，这时，背上的"麻点"就有用途了。雾中的微小水珠会凝聚在这种"麻点"上，然后顺着防水的"山谷"流下，慢慢地一点一点最终进入到甲虫的口中。科学家受此启发，制作了一个集水装置，他们在集水器上蜡的集水面上，安上了一些很小的玻璃珠。与普通平面玻璃的集水面或者上蜡的普通集水面相比，它集水量大。研究者认为，这项技术将来可以用于减少机场的雾，集水灌溉，还可用于多雾干旱的地区收集饮用水等。

• 沙鼠科动物

　　沙鼠科动物因主要分布于荒漠地带而得名。沙鼠主要分布于非洲，在亚洲内陆地区和欧洲也能见到，其中有几种见于我国北方特别是西北地区。沙鼠非常适应干旱地区的生活，一生中几乎不用喝水，有锋利的爪，可挖掘复杂的洞穴，并在洞穴中储藏大量食物。沙鼠中有些种类后肢比较长，将身体远离滚烫的沙地，适合跳跃行走，尾较长，用于平衡。沙鼠是沙漠肉食动物的重要食物来源。

• 沙漠狐

　　沙漠狐生长在沙漠地带，是世界上最小的狐狸。沙漠狐体长约30~40厘米，尾长18~30厘米。沙漠狐长着圆圆的脸，一双机灵的大眼睛，体态非常轻盈灵巧。沙漠狐又称廓狐，这是

沙漠狐

沙鼠科动物

43

因为它的耳朵异乎寻常的大。沙漠狐的耳朵长达 15 厘米，比大耳狐的耳朵还要大。从它的耳朵与身躯的比例来说，沙漠狐的耳朵在食肉动物中可以说是最大的了。沙漠狐的这双大耳朵是它的散热器，这是它适应沙漠地区炎热气候的需要。同时，这双大耳朵还能够对周围的微小声响作出反应，它能够分辨出声波的微弱差异。沙漠狐的大耳朵总是面向着发出声音的方向，让声音同时传送到两耳。晚上，沙漠狐靠它收听要捕食的动物所发出的声音，如沙鼠、小鸟、蛇和蝎子，也收听那些想吃它的动物的声音，如鬣狗和胡狼。它挖洞的本领非常高明，在几秒钟之内就能挖好一个洞钻进去，就像鱼儿潜入水中一样。沙漠狐的洞穴一般都有好几个出口，而且出口的地方都伪装得非常巧妙，有时连猎人也难以辨别出来。

角蟾

• 角蟾

角蟾是一种喜好阳光的动物，它在没有足够的阳光和温暖的条件下，是不能生活的。它又是一种适应干旱气候的耐渴动物。角蟾的故乡是缺水的热带荒漠，而角蟾只要早晨从植物叶片上吮吸一点露水，就可以对付一天的干渴。它还有一种模仿沙砾的颜色和形状的本领。当它静卧在沙砾中时，它的颜色和形态几乎与砂砾一模一样。

沙漠狐

• 跳鼠

过穴居生活的主要是一些啮齿类动物，典型的代表为跳鼠，其中最常见的是三趾跳鼠和五趾跳鼠。它们喜欢在沙丘上挖洞居住，所以又有"沙跳"之称。体长约130~140毫米，共同的特点是后肢特长，足底有硬毛垫，适于在沙地上迅速跳跃，在风沙中也能一跃达60~180厘米。前肢短小，仅用于摄食和掘挖，而不用于奔跑。尾巴一般极长，有些种类的跳鼠尾巴末端有扁平的长毛束，就像"舵"一样，能在跳跃中平衡身体、把握方向。它们的头与兔子极其相似，耳朵很长，鼓室泡很大（利于听觉），眼睛也大。这些特点能够使它们顺利地在夜间作长距离的跳跃。由于沙漠中植物稀疏，并多为灌木而多刺，在这样的环境中，跳鼠主要以植物种子和昆虫为食。食物条件的限制，促使跳鼠营非群居生活，夜间出来活动，长距离地觅找食物，有时一晚可以奔跳10千米之远。夜间，在沙丘的灌木、半灌木丛中，用灯光照射，就会很容易发现跳鼠的频繁活动，跳鼠的明亮眼睛在窥视着你，或者在你面前很快地跳过，使人感到沙丘戈壁的确是跳鼠的乐园。漫长的冬季，它们则以蛰眠度过。跳鼠是沙漠景观所产生的具有特殊生物形态的动物，能够与骆驼媲美。

45

• 沙鼠

作为沙漠中穴居动物代表的啮齿类动物，沙漠中活跃着多种沙鼠：子午沙鼠、长爪沙鼠、柽柳沙鼠、大沙鼠等，它们一般都是群居生活，全年活动，但冬季活动减弱，以贮存饲料为生。大沙鼠体长超过150毫米，耳短小，耳长不到后足的一半。后足掌密毛，尾粗大，几乎接近体长。主要生活在新疆、甘肃、内蒙古的荒漠和半荒漠的灌木丛生的沙丘和沙土地，食肉质、多汁的叶子；有

惊人的筑洞能力，洞群往往连成一片，洞道密集，能贯穿整个沙丘或地面。长爪沙鼠与子午沙鼠栖息范围较大，亦常见于干草原地带的沙地。沙漠中生活的啮齿类动物大都具有沙黄的体色，便于在沙漠中隐蔽。即使在夜间活动，它们这种与背景相同的体色也是有利的。水源的缺乏使它们都有依赖植物中汁液维持身体水分代谢的特性。

● 沙蜥和麻蜥

　　沙漠里的小动物，除穴居的啮齿类外，还有一些小的爬行类动物。最多的是沙蜥和麻蜥，特别是在沙丘地带，甚至每走几步就可碰见一只。沙丘上的许多小而扁的开口，就是它们的洞穴。它们具有一种特殊的适应沙漠环境的能力。它们的身上没有汗腺，在各种高温环境下，都不会出汗；眼睛具有防风的眼帘；遇烈日，它们还会爬上灌丛以躲避沙面难忍的炎热。这些沙栖蜥蜴（俗名"沙和尚"）在沙地上活动非常敏捷，遇敌可潜沙而遁。

麻蜥

沙蜥

47

沙漠里自然的奇观 〉

　　沙漠给人的印象是荒凉和暮气沉沉的，但它们有时也相当惊人和美丽，尤其是从太空中看。不同类型的沙、地形、风向和气候相结合，形成了各式各样的奇异景观。尤其是当沙丘移动时，形成了一个不断变化的动态风景图。

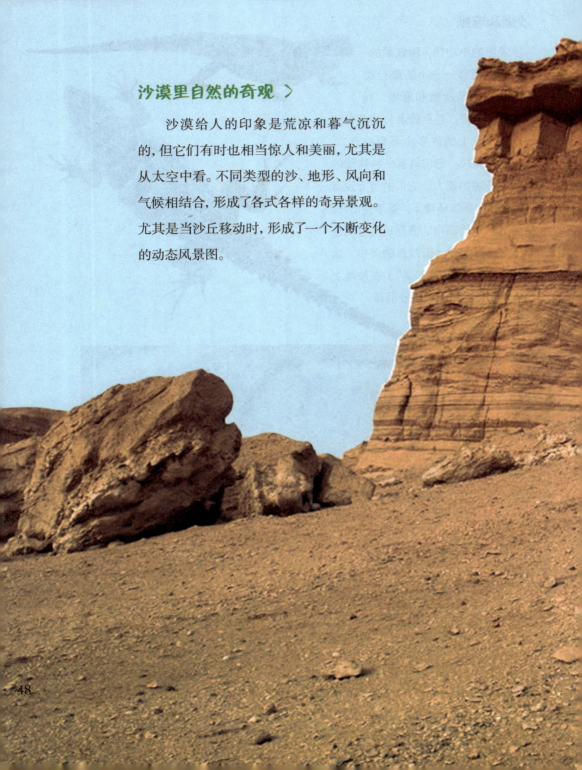

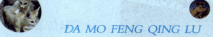

• 虚无缥缈的幻象——海市蜃楼

在平静无风的海面航行或在海边瞭望，往往会看到空中映现出远方船舶、岛屿或城郭楼台的影像；在沙漠旅行的人有时也会突然发现，在遥远的沙漠里有一片湖水，湖畔树影摇曳，令人向往。可是当大风一起，这些景象突然消逝了。原来这是一种幻景，通称海市蜃楼，或简称蜃景。

海市蜃楼是一种光学幻景，是地球上物体反射的光经大气折射而形成的虚像。根据物理学原理，海市蜃楼是由于不同的空气层有不同的密度，而光在不同的密度的空气中又有着不同的折射率。也就是因海面上冷空气与高空中暖空气之间的密度不同，对光线折射而产生的。蜃景与地理

位置、地球物理条件以及那些地方在特定时间的气象特点有密切联系。气温的反常分布是大多数蜃景形成的气象条件。

发生在沙漠里的"海市蜃楼"，就是太阳光遇到了不同密度的空气而出现的折射现象。沙漠里，白天沙石受太阳炙烤，沙层表面的气温迅速升高。由于空气传热性能差，在无风时，沙漠上空的垂直气温差异非常显著，下热上冷，上层空气密度高，下层空气密度低。当太阳光从密度高的空气层进入密度低的空气层时，光的速度发生了改变，经过光的折射，便将远处的绿洲呈现在人们眼前了。在海面或江面上，有时也会出现这种"海市蜃楼"的现象。

• 风蚀蘑菇

风蚀蘑菇首先是由风蚀柱变成的。风蚀柱主要发育在垂直节理发育的基岩地区，经过长期的风蚀，形成孤立的柱状岩石，故称风蚀柱。它可单独耸立，或者成群分布。由于接近地表部分的气流中含沙量较多，磨蚀强烈，如再加上基岩岩性的差异，风蚀柱常被蚀成顶部大、基部小，形似蘑菇的岩石，称风蚀蘑菇。其主要形成原因为风力的侵蚀作用。当其经风蚀较严重时会倒塌。风蚀蘑菇一般多是在基岩地区发育的风蚀城堡等地貌的一种附生形态。它容易分布在雅丹地貌中。雅丹地貌是风蚀地貌，是指风力吹蚀、磨蚀地表物质所形成的地表形，主要是风蚀雨蚀而成，地表由于千万年的风吹日晒，使地表平坦的砂岩层形成风蚀壁龛、风蚀蘑菇、风蚀柱、风蚀垄槽和风蚀洼地、残丘、城堡等各种地貌形态，雅丹地貌以罗布泊附近雅丹地区的风蚀地貌最为典型而得名。

• 碎石圈

碎石圈是沙漠中的一种怪现象。是一块大石头经过数百年热胀冷缩一次次碎裂和自然风化后，在地上形成了一片圆形的碎石圈，非常像人为排列的作品，实际上是自然形成的。

• 鸣沙

　　鸣沙也就是会发声的沙子。鸣沙现象是普遍存在的，在美国的长岛、马萨诸塞湾、威尔斯西岸；丹麦的波恩贺尔姆岛；波兰的科尔堡以及巴西、智利和亚洲与中东的一些沙滩、沙漠都会发出奇音妙声。在中国也有三大鸣沙地，第一处是《太平御览》、《大正藏》所载的今天甘肃敦煌县南月牙泉畔的鸣沙山，又叫雷音门；第二处是竺可桢在《沙漠里的奇怪现象》一文中描述过的宁夏中卫县沙坡头黄河岸边的鸣沙山；第三处是内蒙古达拉特旗（包头市附近）南25千米，库布齐沙漠罕台川（黄河支流）两岸的响沙湾，又叫银肯响沙。

　　虽然科学家们对"鸣沙"现象的形成原因进行了多年的研究，并给出了一些推测性的解释，但真正的确切原理一直是一个未解之谜。此前，有些研究人员发现风力并不是"鸣沙"现象形成的主要原因，因为不管是在实验室里还是在沙漠之上，当人们用手移动沙堆时，都可能会发出同样鸣沙的声响。此外，还有一些科学家认识到，"鸣沙"现象也不完全是由整个沙丘的共鸣产生的，沙粒本身的运动也会发出声响。然而，多年来不同的研究团队给出

了不同的解释,有的甚至是相互矛盾的。比如,关于沙粒的振动问题,有的科学家认为这是一种有规律间断性运动,有的则认为这是一种与沙粒碰撞同步形成的表面波动。

法国巴黎市立高等工业物理化学学院科学家布鲁诺·安德列奥蒂和莱纳德·波恩尼奥,经过对沙丘形成阶段的发声机制进行长期研究,提出了一种全新的理论。他们认为,这种声音是由上层运动的沙粒与沙丘下层固定的沙层之间摩擦而产生的一种弹性波所引起的。

布鲁诺和莱纳德在非洲摩洛哥境内撒哈拉沙漠中对他们的理论进行了验证,他们共进行了 50 次的沙崩实验。在实验中,科学家们发现这种弹性波可以通过下层静态的沙地进行全方位传播。当由沙丘背后传出的弹性波从两侧绕过沙丘传播到前面后,就会产生相长干涉现象。两波重叠后,合成波的振幅于是就得到增加,振幅明显大于成分波。摩擦界面上的弹性波经过反射从而由剪切运动中吸取能量到相干声波之中,而这种相干声波就是"鸣沙"的声音来源。

沙漠里的不解之秘 >

• 怪石圈

　　新疆吐鲁番地区鄯善县文物工作者在火焰山北部戈壁发现大面积罕见神秘的"怪石圈"。这些"怪石圈"占地面积约 6.8 平方千米。"怪石圈"地处吐鲁番地区鄯善县连木沁镇 10 多千米的戈壁滩上。"怪石圈"有大有小、有圆有方，有的为"口"字形串联状，有的为方形与圆形石圈混合摆置。其中一个被称为"太阳圈"的巨型石圈由 4 个同心圆组成，最大外圆直径约 8 米，最小的内圈已被破坏。在"太阳圈"的东南部，分布着大面积的石圈。奇怪的是，这些"怪石圈"所用的石头在附近的戈壁滩很难找到。这片神秘"怪石圈"的形成及历史至今是个谜，有待专家考证。

• 谁绘制了撒哈拉沙漠壁画

闻名于世的撒哈拉沙漠远古大型壁画，位于撒哈拉沙漠北纬30°区。撒哈拉沙漠是世界第一大沙漠，气候炎热干燥。然而，在这极端干燥缺水、土地龟裂、植物稀少的旷地，竟然曾经有过高度繁荣昌盛的远古文明——沙漠上许多绮丽多姿的远古大型壁画。今天人们不仅对这些壁画的绘制年代难于稽考，而且对壁画中那些奇形怪状的形象也茫然无知。于是，我们只好把它称为人类文明史上的一个不解之谜。

1850年，德国探险家巴尔斯来到撒哈拉沙漠进行考察，无意中发现岩壁中刻有鸵鸟、水牛以及各式各样的人物像。1933年，法国骑兵队来到撒哈拉沙漠，偶然在沙漠中部塔西利台、恩阿哲尔高原上发现了长达数千米的壁画群，全绘制在受水侵蚀而形成的岩壁上，五颜六色，雅致和谐，刻画出了远古人们生活的情景。

此后，欧美考古学家纷至沓来。从发掘出来的大量古文物看，距今约1万年至4000年前，撒哈拉不是沙漠，而是草木茂盛的大草原。当时有许多部落或民族生活在这块美丽的沃土上，创造了高度发达的文化。这种文化最主要的特征是磨光石器的广泛流行和陶器的制造，这是生产力发展的标志。在壁画中还有撒哈拉文字和提斐那古文字，说明当时的文化已发展到相当高的水平。

壁画的表现形式或手法相当复杂，内容丰富多彩。从笔法来看，它们一般都比较粗犷朴实，所用的颜料是不同的岩石和

泥土，例如红色的氧化铁、白色的高岭土、绿色或蓝色的贝岩等。壁画是台地上的红岩磨成的粉末加上水作为颜料绘制而成的，由于颜料水分充分地渗入岩壁内，与岩壁的长久接触而引起了化学变化，两者最后融为一体。所以，经过几千年的风吹日晒，笔画颜色依然鲜艳夺目。

在壁画中有很多人是强壮的武士，表现出一种凛然不可侵犯的威武神态。他们有的手持长矛、圆盾，乘坐着战车似乎在迅猛飞驰。在其他壁画人像中，有些身缠腰布，头戴小帽；有些人不带武器，而像在敲击乐器；有些似作献物状，像是欢迎"天神"降临；有些人翩翩起舞。从画面上看，舞蹈、狩猎、祭祀和宗教信仰是当时人们生活和风俗习惯的重要内容。很可能当时人们喜欢在战斗、舞蹈和祭祀前后作画于岩壁上，借以表达他们对生活的热爱。

壁画群中动物形象颇多，千姿百态，各具特色。动物受惊后四蹄腾空、势若飞行、到处狂奔的紧张场面，形象栩栩如生，创作技艺高超，可以与同时代的任何国家杰出的壁画艺术作品相媲美。从这些动物图像上可以推想出古代撒哈拉地区的自然面貌，例如一些壁画上有人划着独木舟捕猎河马，这说明撒哈拉曾有过水流不绝的江河。值得注意的是，壁画上的动物在出现时间上有先有后，从最古老的水牛到鸵鸟、大象、羚羊、长颈鹿等草原动物，说明撒哈拉地区气候越来越干旱。

那么，在今天极端干燥的撒哈拉沙漠中，为什么会出现如此丰富多彩的古代艺术品呢？有些学者认为，要解开这个谜，就必须立足于考察非洲远古气候的变化。据考证，距今约3000~4000年前，撒哈拉不是沙漠而是草原和湖泊。约6000多年前，曾是高温和多雨期，各种动植物在这里繁殖起来。只是到公元前200至公元300年左右，气候变异，昔日的大草原才终于变成沙漠。

是谁在什么年代创造出这些硕大无比、气势磅礴的壁画群？刻制巨画又为了什么？尤其令人不解的是，在恩阿哲尔高原丁塔塞里夫特曾发现一幅壁画，画中人都戴着奇特的头盔，其外形很像现代宇航员头盔。为什么头上要戴个圆圆的头盔？这些画中人为什么穿着那么厚重笨拙的服饰？

说来也巧，美国宇航局对日本陶古的研究结果，竟然意外地披露了一点撒哈拉壁画的天机。

日本陶古，是在日本发现的一种陶制小人雕像。"陶古"是蒙古服的意思。这些陶古曾被许多历史学家认定为古代日本妇女的雕像。可是经过美国宇航局科研人员鉴定，认为这些陶古是一些穿着宇航服的宇航员。这些宇航服不但有呼吸过滤器，而且有由于充气而膨胀起来的裤子。

科学工作者的这个鉴定结果，除了来自于他们对陶古的认真研究以外，还有一段神话传说可以作为有力的佐证，这就是日本古代奇妙的关于"天子降临"的传说。有趣的是，恰恰在这个传说出现了100年以后，日本有了陶古。人们有理由认为，传说中的"天子"。也许正是从地球外太空远道而来的客人，而陶古恰恰是古代日本人民对于这位从天而降的"天子"——宇航员的肖像雕塑。

假若日本陶古真的是宇航员，那么，撒哈拉壁画中那些十分相似的服饰，为什么不是天外来客的另一遗迹呢？如果真有太空人的话，那么太空生命留下的痕迹便可以称之为神迹——因为这些痕迹给我们提供了许多值得探究的课题，给人类留下难解之谜。

• 沙漠玻璃之谜

1932 年 12 月，一支由 P·A·克莱顿率领的埃及沙漠考察队，由开罗来到广阔的凯伯高原北部。对埃及的沙海地区进行首次考察。12 月 29 日，考察队发现了一些散落在这块沙漠里的淡黄和青色玻璃状物体，它们呈透明或半透明状。这就是以后人所共知的"利比亚沙漠玻璃"。

发现这些玻璃的地区位于埃及与利比亚边境。这条边境线，南北长约 48 千米，东西宽约 48 千米，两侧有一系列高低起伏的沙丘。由于该地区恶劣的环境条件，直到 1934 年克莱顿再次回到此地时，才使考察工作进一步开展起来。尤其是 1971 年，美国得克萨斯大学与利比亚大学的联合考察队到达这一地区最西端以后，沙漠玻璃才开始被现代科学界熟知。那么这种玻璃从何而来？至今仍然是个谜，科学家们对此产生了极大的兴趣。

凋敝荒漠的奇葩——沙漠绿洲 ＞

绿洲是一个地理名词，是指被沙漠地形包围的环境里，一块有植被覆盖的孤立肥沃地区。通常会造成绿洲的原因都是因为此地点有终年不断的水源供应，常见的水源是地下水泉涌或人工凿井，水在远方的降雨区降到地面后潜入地底，通过透水的地下砂岩层穿过沙漠地带，在绿洲处返回地表附近而能被使用到。

绿洲对于沙漠地区的生活是非常重要的，不只是大部分的沙漠居民都是围绕在绿洲地带生活，往来的商旅与贸易网往往也是沿着绿洲发展起来，因为绿洲是重要的食物与水之补给站。盘踞非洲大陆北部中央的撒哈拉沙漠里面，有60%以上的人口都是居住在零星分布于沙漠中的绿洲地带。中国乌鞘岭以西、北山和祁连山之间的河西走廊，有大量绿洲，"一城山光，半城塔影，苇溪连片，古刹处处"就是在描写有称"金张掖"或"甘州"之称的张掖，汉朝即有额济纳绿洲，河西走廊的绿洲唯一水源是祁连山春融的雪水。

在干旱少雨的光秃的大沙漠里，也

59

可以找到水草丛生、绿树成荫，一派生机勃勃的绿洲。高山上的冰雪到了夏天就会融化，顺着山坡流淌形成河流。河水流经沙漠，便渗入沙子里变成地下水。这地下水沿着不透水的岩层流至沙漠低洼地带后，即涌出地面。另外，远处的雨水渗入地下，也可与地下水汇合流到这沙漠的低洼地带。或者由于地壳变动，造成不透水的岩层断裂，使地下水沿着裂缝流至低洼的沙漠地带冲出地面。这低洼地带有了水，各种生物就应运而生、发育、繁衍。这些地下水滋润了沙漠上的植物，也可供人畜饮用，给沙漠带来生机，形成了一个个绿洲。绿洲是浩瀚沙漠中的片片沃土，它就像是沙漠瀚海上美丽的珍珠，镶嵌在沙漠里，闪烁着神奇的色彩。

埃及锡瓦绿洲

• 沙漠中的世外桃源——埃及锡瓦绿洲

难以想象，在埃及西部广袤沙漠的深处，隐藏着这样一个如梦似幻的世外桃源，这就是埃及最具传奇色彩的绿洲——锡瓦。锡瓦距尼罗河谷有 800 千米之遥，离利比亚边境仅 120 千米。整个绿洲长 10 千米，宽 6.5~8 千米，地处低于海平面 17 米的洼谷，内有 2000 处泉眼。在绿洲的死亡之山上远眺，远处的千层岩仿佛是守护锡瓦的天然屏障，成片的棕榈树营造出绿色的天堂，几处湖泊在阳光下闪耀。

61

• 美丽的沙漠绿洲——阿联酋首都阿布扎比

　　阿联酋在哪里? 阿联酋在西亚，在中东，在波斯湾，也就是海湾。阿布扎比是阿联酋的首都，阿联酋的石油大部分在阿布扎比酋长国。阿布扎比是一个非常美丽的现代化城市，这里少了点迪拜的浮夸虚荣，绿化做得非常好，在石油美元的灌溉下，用进口树苗和草皮把整个城市建成了一个美丽的沙漠绿洲，据说每一棵树每年的养护费用达到 5000 美元! 蔚蓝宽广的波斯湾就静静地依偎在它的身边，绵延几十里的海边是洁白柔软的人造沙滩。

• 敦煌月牙泉

敦煌市往西南5千米处的月牙泉位于一片漫漫沙漠中，以"泉映月而无尘"、"亘古沙不填泉，泉不涸竭"而成为千古奇观。月牙泉，古称沙井，俗名药泉，自汉朝起即为"敦煌八景"之一，得名"月泉晓澈"。月牙泉南北长近100米，东西宽约25米，泉水东深西浅，最深处约5米，弯曲如新月，因而得名，有"沙漠第一泉"之称。一弯清泉，涟漪萦回，碧如翡翠。泉在流沙中，干旱不枯竭，风吹沙不落，蔚为奇观。历代文人学士对这一独特的山泉地貌、沙漠奇观称赞不已。月牙形的清泉，泉水碧绿，如翡翠般镶嵌在金子似的沙丘上。泉边芦苇茂密，微风起处，碧波荡漾，水映沙山，蔚为奇观。对于月牙泉百年遇烈风而不为沙掩盖的不解之谜有许多说法。有人认为，这一带可能是原党河河湾，是敦煌绿洲的一部分，由于沙丘移动，水道变化，遂成为单独的水体。因为地势低，渗流在地下的水不断向泉中补充，使之涓流不息，天旱不涸。这种解释似可看作是月牙泉没有消失的一个原因，但无法说明因何飞沙不落月牙泉。

20世纪70年代中期，当地垦荒造田抽水灌溉及近年来周边植被破坏、水土流失，导致敦煌地下水位急剧下降，从而月牙泉水位急剧下降。月牙泉存水最少的时间是在1985年，那时月牙泉平均水深仅为0.7~0.8米。由于水少，当时泉中干涸见底竟可走人，而月牙泉也形成两个小泉不再呈月牙形。这使得"月牙泉明日是否会消失"成为许多人关注的焦点。此后，敦煌市采取了多种方式给月牙泉补水。另据统计数据显示，自1995年到2010年的15年间，月牙泉周边鸣沙山东山、南山山脊向月牙泉移动了8~10米，南北两山间的区域面积缩减了7%；和20世纪70年代相比，月牙泉四周沙山坡脚移动了13~60米，被称为"沙漠奇观"的月牙泉面临着沙山掩泉的威胁。

● 世界著名的沙漠

撒哈拉沙漠 ＞

　　撒哈拉沙漠是世界上阳光最多的地方，也是世界上最大和自然条件最为严酷的沙漠。撒哈拉沙漠几乎占满非洲北部全部，占非洲总面积的1/4。东西约长4800千米，南北在1300~1900千米之间，总面积约9 065 000平方千米。撒哈拉沙漠西濒大西洋，北临阿特拉斯山脉和地中海，东为红海，南为萨赫勒一个半沙漠干草原的过渡区。撒哈拉沙漠是世界上除南极洲之外最大的荒漠，阿拉伯语"撒哈拉"意即"大荒漠"。

撒哈拉沙漠西从大西洋沿岸开始，北部以阿特拉斯山脉和地中海为界，东部直抵红海，南部到达苏丹和尼日尔河河谷。撒哈拉沙漠分为几部分：西撒哈拉；中部高原山地（包括位于阿尔及利亚的阿哈加尔高原，位于尼日尔的艾尔高原和位于乍得的提贝斯提高原；东部是最为荒凉的区域，为特内雷沙漠和利比亚沙漠。撒哈拉沙漠的最高点为位于提贝斯提高原中的库西山，海拔为3415米。撒哈拉沙漠将非洲大陆分割成两部分，北非和南部黑非洲，这两部分的气候和文化截然不同，撒哈拉沙漠南部边界是半干旱的热带稀树草原，阿拉伯语称为"萨赫勒"，再往南就是雨水充沛，植物繁茂的南部非洲，阿拉伯语称为"苏丹"，意思是黑非洲。

撒哈拉沙漠主要的地形特色包括：浅而季节性泛滥的盆地和大绿洲洼地，高地多石，山脉陡峭，以及遍布沙滩、沙丘和沙海。尼罗河的主要支流在撒哈拉沙漠汇集，河流沿着沙漠东边缘向北流入地中海；有几条河流入撒哈拉沙漠南面的乍得湖，还有相当数量的水继续流往东北方向重新灌满该地区的蓄水层；尼日尔河水在几内亚的富塔贾隆地区上涨，流经撒哈拉沙漠西南部然后向南流入海。从阿特拉斯山脉和利比亚、突尼斯、阿尔及利亚以及摩洛哥的沿海高地流入的溪流和干河床（季节性溪流）提供了额外的水量。尤其引人注目的是与提贝提斯山脉相关的干河床、湖泊、池塘组成的综合网络，以及塔西利−恩−阿耶和阿哈加尔山脉的类似网络，如塔曼拉基特河。撒哈拉沙漠的沙丘储有相当数量的雨水，沙漠中的各处陡崖有渗水和泉水出现。

撒哈拉沙漠由两种气候所主宰：北部是干旱副热带气候，南部是干旱热带气候。干旱副热带气候的特征是每年和每日的气温变化幅度大，冷至凉爽的冬季和炎热的夏季至最高的降水量。年平均日气温约20℃。平均冬季气温为13℃。

夏季极热。撒哈拉沙漠具有一些特有的气候奇观。①幻雨。沙漠上空有时有冷空气流动，乌云聚集，喜降阵雨。但是由于低空极度酷热、干燥，雨点不到落地就蒸发掉了。人们称它为"幻雨"。②雨蒸风和沙暴。撒哈拉的沙暴和雨蒸风相联。开始晴空万里、骄阳如火，而后天空中传来一种奇怪的声音，高而不连续，时有时无，这就是"沙漠之歌"。响声之后，沙丘的顶峰开始活动。热空气把沙粒卷入高空，形成巨大的黄色沙柱，顶天立地，旋转不已。太阳由暗红到颜色消失。霎时，

狂风大作,黄沙漫天。沙打在脸上,甚至刺破皮肤渗出血来。沙暴把鸡蛋大的石头砍得满地跑,甚至把沉重的驼鞍抛出几百米外。被风暴卷起的沙粒从高空中迅猛地砸下来,使人处于十分危险的境地。每当沙暴来临的时候,穿长袍、缠头巾的当地人将全身裹得严严实实,顶着风,弯着腰,迅速躲避。沙暴一般2~3个小时,有时也能刮上1~2天。③干雾。当沙漠上空风很小,空气中又布满尘埃的时候,就会出现干雾。这时能见度极低,甚至连号称"沙漠之舟"的骆驼都会迷失

方向。所以,撒哈拉人按习惯在道路两旁每隔一定的距离垒起一堆石块,作为路标,以防迷路。④奇怪的"枪声"。沙漠在夏季的中午气温常在50℃以上,沙面温度高达70℃~80℃;然而到了晚上,狂风呼啸,温度可降到0℃。由此岩石热胀冷缩,很容易发生崩裂。住在沙漠的人晚上听到的岩石崩裂声,好似雷鸣,又像战鼓,也像枪声,不了解的人听了确实感到恐怖。

虽然撒哈拉沙漠(不包括尼罗河谷)大如美国,但是那里的居民估计只有250

万, 每平方千米还不到0.4人。偌大的面积空无一人, 但是只要瘦瘠的植被能供养牲畜, 或有可靠的水源, 散落的人群便会在这世界上最艰困的环境中和岌岌可危的生态环境下生存下去。考古学上证明, 已陆陆续续有形形色色的人在撒哈拉沙漠定居, 动植物的培育驯养导致职业的专门化。对外贸易也发展了, 模里西斯的铜在公元前2000年就找到其出路, 进入地中海的青铜器时代文明。

在沙漠范围之内, 固定职业限制在绿洲中, 这里的灌溉情况允许有限地种植海枣、石榴及其他果树。谷物限制在诸如黍类、大麦、小麦、蔬菜及诸如散沫花这种特殊作物。水源严重限制了绿洲的拓展, 在有些地方, 水的过量使用已使水位严重下降, 毛里塔尼亚的阿德拉尔区绿洲的情况即是如此。严重的蒸发造成土壤的盐化和被侵蚀沙所埋是又一种危害; 后者如阿尔及利亚苏夫绿洲情况, 需不断用人工清除。

阿拉伯沙漠 ＞

阿拉伯沙漠位于北非撒哈拉沙漠的东缘部分。位于埃及东部，尼罗河谷地、苏伊士运河、红海之间，又称东部沙漠。中部有马阿扎高原，东侧有沙伊卜巴纳特山、锡巴伊山、乌姆纳卡特山等孤山，南部与苏丹的努比亚沙漠相连。大部分为海拔300~1000米的砾漠以及裸露的岩丘。受东西走向的间歇河流塔尔法河、胡代因河及支流和南北走向的季节河基纳河切割。

阿拉伯沙漠的沙盖以具有不同尺寸和复杂性的沙丘形式出现，或在低地表面形成薄薄一层地膜。除了极少数例外，沙子并不汇聚成平面，而是形成沙丘山岭或巨大的复合体。阿拉伯沙漠沙丘样式和尺寸的种类不计其数。许多形式还没有用文字表述过。早期欧洲探险家们说，当地除了一个无定形的沙海外一无所有。而沙漠沿着系统的路线发展，具有鲜明而独特的模式。毗邻地区的沙丘之间还

具有清晰的演变关系。在诸如鲁卜哈利沙漠这样巨大的沙区，沙丘形式的演变可从简单的沙丘追溯到较为复杂的类型。

阿拉伯沙漠的最大自然资源是地下水供应，地下水——由于降雨量低，它实际上无从得到应有的补充——其实由更新世时代的水组成，现在正在被人开发出来。阿拉伯各国政府已经采用现代技术开发水资源和灌溉农用土地。沿海岸建设的海水淡化厂从海水中生产大量淡水，使得阿拉伯半岛成为世界上使用这一技术的主要地区之一。石油于1936年在沙乌地阿拉伯东部被发现，但在1938年之前没有实现商业生产。自从第二次世界大战以来，许多新油田和炼油厂在整个地区得以运转；其生产潜力可用每天数百万桶为单位计量，而储量则是巨大的。天然气储备也大规模地利用。虽然产量水平一般已经很高，但受世界石油市场的波动和地区政治动荡的制约。

大漠风情录

澳大利亚沙漠 >

澳大利亚沙漠是澳大利亚最大的沙漠，世界第四大沙漠，由大沙沙漠、维多利亚沙漠、吉布森沙漠、辛普森沙漠4部分组成。澳大利亚沙漠位于澳大利亚的西南部，面积约155万平方千米。这里雨水稀少，干旱异常。夏季的最高温度可达50℃。因为没有高大树木的阻挡，狂风终日从这片沙漠上空咆哮而过。风是这里唯一的声音。任何人都会以为这是一片死亡之域，但在1973年，澳大利亚一个叫夫兰纳里的植物学家在骑摩托车旅行时发现，这片沙漠中竟有大约3600多种植物繁荣共生。如果按单位面积计算，物种多样性要远远超过南美洲的热带雨林。因此，发现者称这里为沙漠花园。生长在这里的植物对水和养料的需求少得可怜，几乎是别处植物的1/10。同时，这里所有植物的叶子都不是绿色的，而是带着各种鲜艳的颜色。更奇特的是，这些花朵都能分泌超乎想象的大量花蜜。

澳大利亚是世界上唯一占有一个大陆的国家，虽四面环海，但气候非常干

燥，荒漠、半荒漠面积达340万平方千米，约占总面积的44%，成为各大洲中干旱面积比例最大的一洲。其主要原因是：（1）南回归线横贯大陆中部，大部分地区终年受到副热带高气压控制，因气流下沉不易降水。（2）澳大利亚大陆轮廓比较完整，无大的海湾深入内陆，而且大陆又是东西宽、南北窄，扩大了回归高压带控制的面积。（3）地形上高大的山地大分水岭紧临东部太平洋沿岸，缩小了东南信风和东澳大利亚暖流的影响范围，使多雨区局限于东部太平洋沿岸，而广大内陆和西部地区降水稀少。（4）广大的中部和西部地区，地势平坦，不起抬升作用。西部印度洋沿岸盛吹离陆风，沿岸又有西澳大利亚寒流经过，有降温减湿作用。所以使澳大利亚沙漠面积特别广大，而且直达西海岸。

艾尔斯巨石是澳大利亚沙漠最神秘的所在，这源于一块被当地土著人称为"乌卢鲁"的石头，意思是"见面集会的地方"。这块石头是目前世界上最大的整块不可分割的单体巨石。由于被土著人赋予了图腾的含义，被当地人誉为象征澳大利亚的心脏。据说距今已有5亿年历史。艾尔斯巨石底面呈椭圆形，形状有些像两端略圆的长面包。长3.62千米，宽2千米，高348米，岩石成分为砾石，含铁量高，其表面因被氧化而发红，整体呈红色，因此又被称作红石。突兀在广袤的沙漠上，艾尔斯巨石如巨兽卧地，又如饱经风霜的老人，在此雄伟地耸立了几亿年。由于地壳运动，巨石所在的阿玛迪斯盆地向上推挤形成大片岩石，而又经过一次神奇的地壳运动将这座巨大的石山推出了海面。经过亿万年来的风雨沧桑，大片沙岩已被风化为沙砾，只有这块巨石凭着它特有的硬度抵抗住了风剥雨蚀，且整体没有裂缝和断隙，成为地貌学上所说的"蚀余石"。但长期的风化侵蚀，使其顶部圆滑光亮，并在四周陡崖上形成了一些自上而下的宽窄不一的沟槽和浅坑。因此，每当暴雨倾盆，在巨石的各个侧面上飞瀑倾泻，蔚为壮观。

更迷人的是，艾尔斯石仿佛是大自然中一个爱漂亮的模特儿，随着早晚和气温的变化而"换穿各种颜色的新衣"。当太阳从沙漠的边际冉冉

升起时，巨石"披上浅红色的盛装"，鲜艳夺目、壮丽无比；到中午，则"穿上橙色的外衣"；当夕阳西下时，巨石则姹紫嫣红，在蔚蓝的天空下犹如熊熊的火焰在燃烧；至夜幕降临时，它又匆匆"换"上黄褐色的"夜礼服"，风姿绰约地回归大地母亲的怀抱。关于艾尔斯石变色的缘由众说纷纭，而地质学家认为，这与它的成分有关。艾尔斯石实际上是岩性坚硬、结构致密的石英砂岩，岩石表面的氧化物在一天阳光的不同角度照射下，就会不断地改变颜色。因此，艾尔斯石被称为"五彩独石山"而平添了无限的神奇。雨中的艾尔斯石气象万千，飞沙走石、暴雨狂飙的景象甚为壮观。待到风过雨停，石上又瀑布奔流、水汽迷蒙，又好似一位披着银色面纱的少女；向阳一面的几道若隐若现的彩虹，犹如头上的光环，显得温柔多姿。雨水在岩隙里形成了许多水坑，而流到地上的雨水，浇灌周围的蓝灰檀香木、红桉树、金合欢丛以及沙漠橡树、沙丘草等植物，使艾尔斯石突显勃勃生机。

巴塔哥尼亚沙漠 〉

巴塔哥尼亚沙漠位于南美洲南部的阿根廷，在安第斯山脉的东侧，面积约67万平方千米。巴塔哥尼亚一般是指南美洲安第斯山以东，科罗拉多河以南的地区，主要位于阿根廷境内，小部分则属于智利。

该地区的地形主要是高原以及窄小的海岸平原，各河流发源于安第斯山，向东流入大西洋，切割成河谷，但因当地雨量不多，河流大多属于间歇河，南部有许多冰河地形如峡湾等。巴塔哥尼亚受福克兰寒流的影响，气候寒冷干燥，年降雨量在90~450毫米之间，年均温在6~20℃，愈往南部愈寒冷且雨量愈少，大多地区为荒漠，被称作巴塔哥尼亚沙漠。

巴塔哥尼亚沙漠气候条件恶劣，素有"风土高原"之称。受大陆面积狭窄、居安第斯山背风位置及沿海福克兰寒流等的综合影响，荒漠直抵东海岸，但大陆性特征不很强烈，冬夏没有极端的低温和高温，7月均温0℃~4℃，1月均温为12℃~20℃。降水稀少，全区年均降水量不超过300mm，并呈自西向东递减趋势。风力强盛，常吹时速超过110km的狂风，尘暴不断。巴塔哥尼亚沙漠水文状况独特，虽然荒漠广布但内流区域狭小，内流区仅局限于内格罗河与丘布特河之间狭小地区。其余地区河流因承受山地冰雪融水或冰蚀湖供给而成为过境外流河。但毕竟受干旱气候制约，众多河流中仅有科罗拉多河、内格罗河、丘布特河河水充沛可航运、灌溉、发电，成为巴塔哥尼亚发展农、牧、林各业的河谷平原基地。

古生物学家宣布在阿根廷巴塔哥尼

亚北部地区挖掘出一具食草恐龙的巨型骨架化石，身长达32米，是迄今为止发现的体积最大的恐龙之一。在此之前，在该地区还发现了另外两种以庞大著称的恐龙化石。巴塔哥尼亚地区之所以成为考古圣地，是因为在那里能发现白垩纪的恐龙化石。要知道，生活在白垩纪的恐龙，其大小和形状超出了以前所有的类型，体积也是恐龙中最大的。由于海平面的上升和大自然的侵蚀，沉积物从那时起就直接暴露于巴塔哥尼亚沙漠和荒地的表面，这也导致化石易于被人发现和挖掘。在巴塔哥尼亚发现的三大"巨龙"化石都属于无法龙，这是一种长颈蜥脚类动物，是生长在南美地区的大型恐龙。

由于在白垩纪的大部分时期，南美地区还是一个独立的大陆，大多数生长在那里的动植物比生长在其他聚合陆地的动植物的演变和进化更为明显。与世隔绝的环境促使蜥脚类恐龙成长得更加强壮和健硕。但科学家迄今为止还没有对为何会造成这种情况的原因达成共识。古生物学家们已经发现了最大的蜥脚类恐龙的足迹，如在北美、澳大利亚和马达加斯加岛发现了无法龙的化石，随着挖掘工作的进展，也许会发现更为大型的恐龙化石。但毋庸置疑的是，到2008年为止，还没有任何地方"盛产"的恐龙化石比得上在阿根廷巴塔哥尼亚地区发现的那么"庞大"。

蓝湖沙漠——巴西的拉克依斯·马拉赫塞斯 〉

　　巴西拥有世界上最大的热带雨林，全球30%的淡水资源都储备在这里。在这样一个国家我们居然也能找到沙漠，实在难以置信。拉克依斯·马拉赫塞斯国家公园位于巴西北部的马伦容州，占地面积300平方千米，公园内遍布雪白的沙丘和深蓝的湖水，堪称世界一绝。

　　但为什么沙漠中又会出现蓝湖呢？这片沙漠与众不同之处就在它的降雨量，虽然貌似沙漠，但其年降雨量可达1600毫米，是撒哈拉沙漠的300倍，雨水注满了沙丘间的坑坑洼洼，形成清澈的蓝湖。在干旱季节，湖水完全蒸发掉了。而雨季过后，湖中却不乏各种各样的鱼类、龟和蛙类，好像它们一直就没有离开过似的。对此有两种假设：一种说法是，它们的蛋或卵就埋在沙子下面，雨季来了，就孵化而出；另一种说法，是"不辞辛苦"的鸟类将它们的蛋或是卵一趟趟地带过来的。

78

最大的盐沙漠——玻利维亚的乌尤尼盐原 >

　　乌尤尼盐原可以算是玻利维亚的标志性景观了。位处高原之中，沙漠广阔且近乎平坦，与天空浑然一体。沙漠中，有几个湖，由于各种矿物质的作用，湖水呈现出奇怪的颜色。4万年以前，这片地区曾是史前巨湖明清湖的一部分。之后，湖水干涸，剩下两个大咸水湖：普波湖与乌鲁乌鲁湖，以及两大盐沙漠，即乌尤尼盐原与科伊帕萨盐原，其中前者较大。从面积上看，乌尤尼盐原是美国博纳维尔盐滩的25倍。据估计，这里的盐蕴藏量约100亿吨，目前，每年的开采量不到25 000吨。

埃及的黑白双煞沙漠 〉

到埃及法拉夫拉绿洲，绝对不能错过的一大景观就是"白色沙漠"。沙漠位于法拉夫拉绿洲以北45千米处，这里的沙子呈奶油一样的雪白色，和周围的黄色沙漠形成鲜明对比。高耸的白垩岩层屹立在埃及白沙漠中，仿佛一片巨大的蘑菇群，由数千年沙暴"雕刻"而成。

埃及的黑色沙漠就位于法拉夫拉白色沙漠东北100千米远的地方，它所在的地区是火山喷发所形成的山地，那里到处是黑色的小石头。不过这些石头的颜色并没有人们想象的那样黑，呈棕橙色。

鲜花盛开的沙漠——智利的阿他卡马沙漠 〉

阿塔卡马沙漠位于南纬29°线以北，占据了智利领土很大的一部分。沙漠位于安第斯山脉以西，并沿着南美大陆的太平洋海滨呈长条状。可是，到了南回归线靠近安托法加斯塔一带，海雾带来了大量的水分，为沙漠中的植物生长提供了必要条件。多亏了海雾和"储水"的本领，许多植物存活了下来。在干旱的年份，为了生存、繁殖，生长会被推迟。

有大象的沙漠——纳米比亚的纳米比沙漠 >

纳米比沙漠位于非洲的南部，它没有北边的撒哈拉沙漠面积大，但是更加令人印象深刻。

已变成化石的远古树木屹立在纳米比沙漠的死亡谷中，它们背后是红色的沙丘。纳米比亚这个国家正是因纳米比沙漠而得名。纳米比沙漠位于南非的西海岸线上，即众所周知的骷髅海岸，这条荒凉的海岸线上到处是失事船只。纳米比沙漠被认为是世界上最古老的沙漠，它还拥有号称全球最高的沙丘，其中一些竟然高达300米，这些沙丘环绕在索苏维来周围。另外，如果够幸运的话，你能看到纳米比沙漠中的大象，它也是世界上唯一能够看到大象的沙漠。作为世界上最古老的沙漠，纳米比沙漠地区有很多动物和植物的化石。多少年来，纳米比沙漠像磁石一样吸引着地质学家们，然而直到今天，人们对它依然知之甚少。

最干燥也最潮湿的"沙漠" ＞

　　南极洲有着世界上最极端的气候，长久以来，这片大陆一直无人居住，因为那里实在太冷了。1983年，科学家记录下了那里的极端低温：华氏零下129度（约合-89℃）。南极洲是世界上最干燥的地方，同时也是最"湿润"的，说它湿润并不是因为其降雨量大，而是因为它98%的面积都被冰雪覆盖。南极洲每年的降雨量不足5厘米，因此它也可以称得上是"沙漠"。

世界上最热的伊朗卢特沙漠 ＞

　　对于到底哪里是地球上最热的地方，众说不一。许多人认为是利比亚的阿济济耶，曾创下57.8℃的最高纪录；美国加州的死亡山谷在1913年曾达到过56.7℃，位居第二。但根据美国国家航空航天局的卫星监测记录，在伊朗的卢特沙漠曾出现过71℃的高温。这片地区大概有480平方千米，被称为"烤熟的小麦"。这里的地表被黑色的火山熔岩覆盖，容易吸收阳光中的热量。

古老沧桑的神话——纳米比沙漠 ＞

　　纳米比沙漠是纳米比亚的沙漠，位于非洲最大的纳米比—诺克陆夫国家公园内。沙漠面积50 000平方千米，位于纳米比亚长1600千米的大西洋海岸线，东西阔度由50~160千米不等，安哥拉西南部也属于纳米比沙漠范围。这里因有着壮观的沙丘而知名，有些沙丘甚至可高达30米，宽达370米。

　　大西洋沿岸的纳米比沙漠区，成形于8000万年前的纳米比沙漠，是地球上现存最古老的沙漠，干旱和半干旱的气候已持续了最少8000万年，干旱是干燥空气因海岸寒冷的本格拉寒流下沉而形成。沙漠每年的降雨量少于10毫米，可说是寸草不生。当沉降的干气流遇上大西洋沿岸冷凉的本格拉洋流，带走仅有的水汽而形成极度干燥的纳米比沙漠，迫使当地的动植物发展出极为特殊的生理生态与行为。

　　纳米比沙漠以艳丽的红色沙丘闻名，其中最著名的便是位于纳米比沙漠南部的 Sossusvlei。vlei在南非荷语中意指"沼

泽"，然而这里却是一个干涸的黏土盆地，以数十座世界最高（300多米）的红色沙丘群闻名，这片沙海是Tsauchab干河谷终点，约在6万年前，沙丘将这条河流封闭在距离大西洋约50千米处的内陆，而今数十年一次的大雨，偶尔会使这块盆地泛滥，洪水带来的泥巴，经日晒烘烤后、龟裂，成了覆盖地表的一幅画，一幅唯有上帝的手能画出的画。数万年来，沙丘与河流的斗争，以及风的雕琢，复杂的沙丘生命周期，纳米比沙漠的红色沙丘始终叫地质学家迷惑不已，美中不足的是，纳米比沙漠无孔不入的沙可是数字相机杀手，计划拜访的人可得有十足的保护措施，以免美景当头却无法拍照的遗憾。

百岁兰是奥地利植物学家 Friedrich Welwitsch（1806–1872）在1860年发现于安哥拉南部纳米比沙漠中。它是一种十分奇妙怪异的植物，生长于条件非常恶劣，年降雨量少于25毫米，加上来自海边的雾气也只能相当于50mm。最老的百岁兰年龄估计在1500~2000年。这些植株能够忍耐极为恶劣的环境。大部分百岁兰生长于距离海岸80千米的多雾区域，据此估计雾气是它们水分的主要来源。百岁兰是裸子植物，它跟其他植物的亲缘关系还有待研究。

塔克拉玛干沙漠 ＞

　　塔克拉玛干沙漠，位于南新疆塔里木盆地，"塔克"谐音维吾尔语中的"山"，"拉玛干"，准确的翻译应该是"大荒漠"，引申有"广阔"的含义，那么"塔克拉玛干"就是"山下面的大荒漠"的意思。整个沙漠东西长约1000余千米，南北宽约400多千米，总面积337 600平方千米，是中国境内最大的沙漠，故被称为"塔克拉玛干大沙漠"，也是全世界第二大的流动沙漠，流沙面积世界第一。沙漠在西部和南部海拔高达1200~1500米，在东部和北部则为800~1000米。塔克拉玛干腹地被评为中国五个最美的沙漠之一。

　　在世界各大沙漠中，塔克拉玛干沙漠是最神秘、最具有诱惑力的一个。沙漠中心是典型大陆性气候，风沙强烈，温度变化大，全年降水少。塔克拉玛干沙漠流动沙丘的面积很大，沙丘高度一般在100~200米，最高达300米左右。沙丘类型复杂多样，复合型沙山和沙垄，宛若憩息在大地上的条条巨龙，塔型沙丘群，呈各种蜂窝状、羽毛状、鱼鳞状、变幻莫测。沙漠有两座红白分明的高大沙丘，名为"圣墓山"，它是分别由红沙岩和白石膏组成，沉积岩露出地面后形成的。"圣墓山"上的风蚀蘑菇，奇特壮观，高约5米，巨大的盖下可容纳10余人。白天，塔克拉玛干赤日炎炎，银沙刺眼，沙面温度有时高达70~80℃，旺盛的蒸发，使地表景物飘忽不定，沙漠旅人常常会看到远方出现朦朦胧胧的"海市蜃楼"。沙漠四周，沿叶尔羌河、塔里木河、和田河和车尔臣河两岸，生长发育着密集的胡杨林和柽柳灌木，形成"沙海绿岛"。特别是纵贯沙漠的和田河两岸，长生芦苇、胡杨等多种沙生野草，构成沙漠中的"绿色走廊"，"走廊"内流水潺潺，绿洲相连。林带中住着野兔、小鸟等动物，亦为"死亡之海"增添了一点生机。考察还发现沙层下有丰富的地下水资源和石油等矿藏资源，且利于开发。有水就有生命，科学考察推翻了"生命禁区论"。

　　塔克拉玛干沙漠，系暖温带干旱沙

漠，酷暑时最高温度达67.2℃，昼夜温差达40℃以上；平均年降水不超过100毫米，最低只有4~5毫米；而平均蒸发量高达2500~3400毫米。全年有1/3是风沙日，大风风速每秒达300米。由于整个沙漠受西北和南北两个盛行风向的交叉影响，风沙活动十分频繁而剧烈，流动沙丘占80%以上。据测算低矮的沙丘每年可移动约20米，近1000年来，整个沙漠向南伸延了约100千米。

由于地处欧亚大陆的中心，四面为高山环绕，塔克拉玛干沙漠充满了奇幻和神秘的色彩。变幻多样的沙漠形态，丰富而抗盐碱风沙的沙生植物植被，蒸发量高于降水量的干旱气候，以及尚存于沙漠中的湖泊，穿越沙海的绿洲，潜入沙漠的河流，生存于沙漠中的野生动物和飞禽昆虫等；特别是被深埋于沙海中的丝路遗址、远古村落、地下石油及多种金属矿藏都被笼罩在神奇的迷雾之中，有待于人们去探寻。

塔克拉玛干沙漠卫星图

古尔班通古特沙漠 〉

古尔班通古特沙漠位于新疆准噶尔盆地中央，玛纳斯河以东及乌伦古河以南，是中国第二大沙漠，同时也是中国面积最大的固定、半固定沙漠。古尔班通古特沙漠面积大约4.88万平方千米，海拔300~600米，水源较多。由4片沙漠组成，西部为索布古尔布格莱沙漠，东部为霍景涅里辛沙漠，中部为德佐索腾艾里松沙漠，其北为阔布北—阿克库姆沙漠。

古尔班通古特沙漠的沙粒主要来源于天山北麓各河流的冲积沙层。沙漠中最有代表性的沙丘类型是沙垄，占沙漠面积的50%以上。沙垄平面形态呈树枝状。其长度从数百米至十余千米，高度自

10~50米不等，南高北低。在沙漠的中部和北部。沙垄的排列大致呈南北走向，沙漠东南部成西北-东南走向。在沙漠的西南部分布着沙垄—蜂窝状沙丘和蜂窝状沙丘，南部有少数高大的复合型沙垄。流动沙丘集中在沙漠东部，多属新月形沙丘和沙丘链。沙漠西部的若干风口附近，风蚀地貌异常发育，其中以乌尔禾的"风城"最著名。

和塔克拉玛干沙漠不同，古尔班通古特沙漠不是那种寸草不生的流动沙山，而是固定和半固定的沙丘，沙丘上生长着梭梭、红柳和胡杨，沙漠下蕴含着丰富的石油资源。路的左边都是彩南油田的采掘工作面，彩南油田是我国投入开发的第一个百万吨级自动化沙漠整装油田。

大漠风情录

腾格里沙漠 >

腾格里沙漠位于阿拉善地区的东南部，介于贺兰山与雅布赖山之间。沙漠大部属内蒙古自治区，小部分在甘肃省。面积42 700平方千米。沙漠内部有沙丘、湖盆、草滩、山地、残丘及平原等交错分布。沙丘面积占71%，以流动沙丘为主，大多为格状沙丘链及新月形沙丘链。湖盆共422个，半数有积水，为干涸或退缩的残留湖。腾格里在蒙古语意思为天，意为茫茫流沙如渺无边际的天空。

腾格里沙漠中还分布着数百个存留数千万年的原生态湖泊。湛蓝天空下，大漠浩瀚、苍凉、雄浑，千里起伏连绵的沙丘如同凝固的波浪一样高低错落，柔美的线条显现出它的非凡韵致。站在腾格里达来高处沙丘，你会惊奇地发现一个奇异的原生态湖泊，它酷似中国地图，芦苇的分布则将全国各省区一一标明，这就是腾格里沙漠的月亮湖。据检测，月亮湖一半是淡水湖，一半是咸水湖，湖水含硒、氧化铁等10余种矿物质微量元素，且极具净化能力，湖水存留千百万年却毫不混浊，虽然年降水量仅有220毫米，但湖水不但没有减少，反而有所增加。月亮湖是腾格里沙漠诸多湖泊中唯一有海岸线的原生态湖泊，在它3000米长，2000米宽的海岸线上，挖开薄薄的表层，便可露出千万年的黑沙泥。经过检测，月亮湖独有的黑沙泥富含十几种微量元素，与国际保健机构推荐的药浴配方极其相似，品质优于"死海"中的黑泥，可谓是腾格里独一无二的纯生态资源。

巴丹吉林沙漠 >

巴丹吉林沙漠，位于我国内蒙古自治区阿拉善右旗北部，雅布赖山以西、北大山以北、弱水以东、拐子湖以南。面积4.7万平方千米，是我国第三大沙漠，其中西北部还有1万多平方千米的沙漠至今没有人类的足迹。沙漠海拔高度在1200~1700米之间，沙山相对高度可达500多米，堪称"沙漠珠穆朗玛峰"，巴彦淖尔、吉诃德沙山是世界上最高的沙丘。

巴丹吉林沙漠在地质构造上属阿拉善地块，地貌形态缓和，主要为剥蚀低山残丘与山间凹地相间组成，第四纪沉积物普遍覆盖于地表，形成广泛分布的戈壁和沙漠。巴丹吉林沙漠地处阿拉善荒漠中心，气候干旱，流动沙丘占沙漠面积的83%，移动速度较小。中部有密集的高大沙山，一般高200~300米，最高的达500米。以复合型沙山为主，为北30°~40°东方向排列，系西北风的强大影响所致。高大沙山的周围为沙丘链，一般高20~50米。沙丘

和沙山上长有稀疏植物，西部以沙拐枣、籽蒿、麻黄为主；东部主要为籽蒿和沙竹，沙拐枣、麻黄等逐渐减少。高大沙山间的低地有144个内陆小湖，主要分布在沙漠的东南部。由于蒸发强烈，湖泊积聚大量盐分，边缘生长芦苇、芨芨草等，为主要牧场。有些湖盆边缘有淡水泉出露，为治理沙漠提供了条件。巴丹吉林沙漠平均每10平方千米不到1人。在整个沙漠内部，仅有巴丹吉林庙和库乃头庙两大居民点。基本无种植业，全部经营牧业，骆驼为该地主要家畜，数量居中国各旗县

之冠；次为山绵羊。沙漠内部无固定道路，横穿腹部异常困难，中部及东北部基本为无水区。东南部的雅布赖盐湖盛产食盐，西部的古鲁乃湖及巴丹吉林庙附近的一些湖泊内有碳酸钠沉积。

奇峰、鸣沙、湖泊、神泉、寺庙堪称巴丹吉林"五绝"。受风力作用，沙丘呈现沧海巨浪、巍巍古塔之奇观。巴丹吉林沙漠占阿拉善右旗总面积的39%，相对高度200~500米，是中国乃至世界最高沙丘所在地。宝日陶勒盖的鸣沙山，高达200多米，峰峦陡峭，沙脊如刃，高低错落，沙子下滑的轰鸣声响彻数千米，有"世界鸣沙王国"之美称。沙漠中的湖泊星罗棋布，有113个之多，其中，常年有水的湖泊达74个，淡水湖12个，总水面32.7平方千米，湖泊芦苇丛生，水鸟嬉戏，鱼翔浅底，享有"漠北江南"之美誉。沙漠东部和西南边沿，茫茫戈壁一望无际，形状怪异的风化石林、风蚀蘑菇石、蜂窝石、风蚀石柱、大峡谷等地貌令人叹为观止。生动记录狩猎和畜牧生活的曼德拉山岩画，被称为"美术世界的活化石"。

在阿拉善右旗7.3万平方千米的土地上，栖息着2.4万各族儿女，而在境内的2.8万多平方千米的巴丹吉林沙漠中，生活着24户100多名牧民，他们世世代代善待沙漠，沙漠也给他们提供了理想的生存环境，创造了人与自然相安如初的大漠生态文化。一个湖泊、一个沙窝就是一个生物圈，就是一个创造生命奇迹的故事。自1984年以来，先后有法、日、美、奥地利、新加坡等国家及国内许多专家学者前来考察。1993年，中德联合考察队对巴丹吉林沙漠进行了综合考察，获得了大量有价值的资料，发现了鸵鸟蛋和恐龙化石，在沙漠腹地的湖泊周围还发现了大量的新石器和旧石器，经考古分析，这里在3000~5000年前就有人类活动的遗迹。1996年德国探险旅行家包曼出版了《巴丹吉林沙漠》一书，轰动了欧洲探险界。沙漠因为缺少水而生成，因为缺水而被称为生命的禁区，但在极度干旱的巴丹吉林沙漠却有着沙山和湖泊共存的奇观，这让全世界的人都为之费解。

● 对沙漠化说"不"

简单地说土地沙漠化就是指土地沙化，也叫"沙漠化"。1992年联合国环境与发展大会对荒漠化的概念作了这样的定义：荒漠化是由于气候变化和人类不合理的经济活动等因素，使干旱、半干旱和具有干旱灾害的半湿润地区的土地发生了退化。1996年6月17日第二个世界防治荒漠化和干旱日，联合国防治荒漠化公约秘书处发表公报指出：当前世界荒漠化现象仍在加剧。全球现有12亿多人受到荒漠化的直接威胁，其中有1.35亿人在短期内有失去土地的危险。荒漠化已经不再是一个单纯的生态环境问题，而是演变为经济问题和社会问题，它给人类带来贫困和社会不稳定。到1996年为止，全球荒漠化的土地已达到3600万平方千米，占到整个地球陆地面积的1/4，相当于俄罗斯、加拿大、中国和美国国土面积的总和。全世界受荒漠化影响的国家有100多个，尽管各国人民都在进行着同荒漠化的抗争，但荒漠化以每年5万~7万平方千米的速度扩大，相当于爱尔兰的面积。到20世纪末，全球将损失约1/3的耕地。在人类当今诸多的环境问题中，荒漠化是最为严重的灾难之一。对于受荒漠化威胁的人们来说，荒漠化意味着他们将失去最基本的生存基础——有生产能力的土地的消失。

世界范围来看，在1994年通过的《联合国关于在发生严重干旱和/或荒漠化的国家特别是在非洲防治荒漠化的公约》中，荒漠化是指包括气候变异和人类活动在内的种种因素造成的干旱、半干旱和亚湿润干旱地区的土地退化。

该定义明确了3个问题：①"荒漠化"是在包括气候变异和人类活动在内的多种因素的作用下产生和发展的；②"荒漠化"发生在干旱、半干旱及亚湿润干旱区(指年降水量与可能蒸散量之比在0.05~0.65之间的地区，但不包括极区和副极区)，这就给出了荒漠化产生的背景条件和分布范围；③"荒漠化"是发生在干旱、半干旱及亚湿润干旱区的土地退化，将荒漠化置于宽广的全球土地退化的框架内，从而界定了其区域范围。

20世纪60年代末和70年代初，非洲西部撒哈拉地区连年严重干旱，造成空前灾难，使国际社会密切关注全球干旱地区的土地退化。"荒漠化"名词于是开始流传开来。据联合国资料，目前全球1/5人口、1/3土地受到荒漠化的影响。1992年6月世界环境和发展会议上，已把防治荒漠化列为国际社会优先发展和采取行动的领域，并于1993年开始了《联合国关于发生严重干旱或荒漠化国家(特别是非洲)防治荒漠化公约》的政府间谈判。1994年6月17日公约文本正式通过。1994年12月联合国大会通过决议，从1995年起，把每年的6月17日定为"全球防治荒漠化和干旱日"，向群众进行宣传。中国是《公约》的缔约国之一。

土地沙漠化的危害 〉

　　沙漠是干旱气候的产物,早在人类出现以前地球上就有沙漠。但是,荒凉的沙漠和丰腴的草原之间并没有什么不可逾越的界线。有了水,沙漠上可以长起茂盛的植物,成为生机盎然的绿洲;而绿地如果没有了水和植物,也可以很快退化为一片沙砾。而人们为了获得更多的食物,不管气候、土地条件如何,随便开荒种地、过度放牧;为了解决燃料问题,不管后果如何,肆意砍树割草。干旱和半干旱地区本来就缺水多风,现在土地被踩躏、植被遭破坏,降水量更少了,风却更大更多了,大风强劲地侵蚀表土,沙子越来越多,慢慢地沙丘发育。这就使可耕牧的土地变成不宜放牧和耕种的沙漠化土地。

　　土地沙化是环境退化的标志,是环境不稳定的正反馈过程。如不采取根本措施,土地风蚀沙化过程不仅不会自动停止,反而会加剧发展。比如:宁夏中部地区现在土地沙化面积已达74.46万公顷。其发展速度很快。20多年来,土地沙化面积由占该区面积的20%上升到50%~60%,问题十分严重。

　　"土地沙漠化"是指在干旱多风的沙质地表环境中,由于人为活动过度地破坏了脆弱的生态平衡,使原非沙漠的地区出现了以风沙活动为主要特征的类似沙漠景观,造成了土地生产力下降的环境退化过程。沙漠化是当前世界上一个重要的生态环境问题,也是一个突出的地质问题。严重的问题是"全球沙漠化仍在蔓延"。

6月17日是"世界防治荒漠化和干旱日",2012年的主题为"土地滋养生命携手遏制退化"。在与荒漠化这场没有硝烟的战争中,人类已经付出了极大的代价,然而依旧还有很长的路要走。荒漠化是指包括气候异变和人类活动在内的种种因素造成的干旱地区的土地退化,对人类的生存构成严重威胁。

当前,荒漠化、土地退化和干旱已经成为一个全球性问题,影响着约占地球陆地总面积25%的土地。根据联合国数据,全世界100多个国家的10亿人口受到土地荒漠化的威胁,每年由于荒漠化和土地退化造成的经济损失达到420亿美元。土地荒漠化已经从单纯的生态环境问题演变为经济问题和社会问题。

中国土地沙漠化概况 >

中国荒漠化形势十分严峻，根据1998年国家林业局防治荒漠化办公室等政府部门发表的材料指出，中国是世界上荒漠化严重的国家之一。根据全国沙漠、戈壁和沙化土地普查及荒漠化调研结果表明，中国荒漠化土地面积为262.2万平方千米，占国土面积的27.4%，近4亿人口受到荒漠化的影响。据中、美、加国际合作项目研究，中国因荒漠化造成的直接经济损失约为541亿元人民币。

中国荒漠化土地中，以大风造成的风蚀荒漠化面积最大，占了160.7万平方千米。据统计，20世纪70年代以来仅土地沙化面积扩大速度，每年就有2460平方千米。

土地的沙化给大风扬沙制造了物质源泉。因此中国北方地区沙尘暴（强沙尘暴俗称"黑风"。因为进入沙尘暴之中常

伸手不见五指）发生越来越频繁，且强度大，范围广。1993年5月5日新疆、甘肃、宁夏先后发生强沙尘暴，造成116人死亡或失踪，264人受伤，损失牲畜几万头，农作物受灾面积33.7万公顷，直接经济损失5.4亿元。1998年4月15–21日，自西向东发生了一场席卷中国干旱、半干旱和亚湿润地区的强沙尘暴，途经新疆、甘肃、宁夏、陕西、内蒙古、河北和山西西部。4月16日飘浮在高空的尘土在京津和长江下游以北地区沉降，形成大面积浮尘天气。其中北京、济南等地因浮尘与降雨云系相遇，于是"泥雨"从天而降。宁夏银川因连续下沙子，飞机停飞，人们连呼吸都觉得

困难。

中国西北地区从公元前3世纪到1949年间，共发生有记载的强沙尘暴70次，平均31年发生一次。而新中国成立以来50年中已发生71次。虽然历史记载与现今气象观测在标准上差异较大，但证明沙尘暴现在比过去多得多，这是不容置疑的。

根据对中国17个典型沙区，同一地点不同时期的陆地卫星影像资料进行分析，也证明了中国荒漠化发展形势十分严峻。毛乌素沙地地处内蒙古、陕西、宁夏交界，面积约4万平方千米，40年间流沙面积增加了47%，林地面积减少了76.4%，草地面积减少了17%。浑善达克沙地南部由于过度放牧和砍柴，短短9年间流沙面积增加了98.3%，草地面积减少了28.6%。此外，甘肃民勤绿洲的萎缩，新疆塔里木河下游胡杨林和红柳林的消亡，甘肃阿拉善地区草场退化、梭梭林消失等一系列严峻的事实已示于世人。土地荒漠化最终结果大多是沙漠化。

冻融荒漠化

● 中国荒漠化类型及其分布

中国有风蚀荒漠化、水蚀荒漠化、冻融荒漠化、土壤盐渍化等 4 种类型的荒漠化土地。中国风蚀荒漠化土地面积 160.7 万平方千米，主要分布在干旱、半干旱地区，在各类型荒漠化土地中是面积最大、分布最广的一种。其中，干旱地区约有 87.6 万平方千米，大体分布在内蒙古狼山以西，腾格里沙漠和龙首山以北包括河西走廊以北、柴达木盆地及其以北、以西到西藏北部。半干旱地区约有 49.2 万平方千米，大体分布在内蒙古狼山以东向南，穿杭锦后旗、磴口县、乌海市，然后向西纵贯河西走廊的中东部直到肃北蒙古族自治县，呈连续大片分布。亚湿润干旱地区约 23.9 万平方千米，主要分布在毛乌素沙地东部

至内蒙右东部和东经 106°。中国水蚀荒漠化总面积为 20.5 万平方千米，占荒漠化土地总面积的 7.8%。主要分布在黄土高原北部的无定河、窟野河、秃尾河等流域，在东北地区主要分布在西辽河的中上游及大凌河的上游。

中国冻融荒漠化地的面积共 36.6 万平方千米，占荒漠化土地总面积的 13.8%。冻融荒漠化土地主要分布在青藏高原的高海拔地区。中国盐渍化土地总面积为 23.3 万平方千米，占荒漠化总面积的 8.9%。土壤盐渍化比较集中连片分布的地区有柴达木盆地、塔里木盆地周边绿洲以及天山北麓山前冲积平原地带、河套平原、银川平原、华北平原及黄河三角洲。

• 我国针对沙漠化的治理措施

1. 保护现有植被，加强林草建设。在强化治理的同时，切实解决好人口、牲口、灶口问题，严格保护沙区林草植被。通过植树造林、乔灌草的合理配置，建设多林种、多树种、多层次的立体防护体系，扩大林草比重。在搞好人工治理的同时，充分发挥生态系统的自我修复功能，加大封禁保护力度，促进生态自然修复。由于飞播具有速度快、用工少、成本低、效果好的特点，因而对地广人稀、交通不便、偏远荒沙、荒山地区恢复植被意义更大。

2. 在荒漠化地区开展持久的生态革命，以加速荒漠化过程逆转。关键是合理调配水资源，保障生态用水。如不合理的水资源调配制度，是造成我国西北河流缩短、湖泊萎缩甚至干涸、地下水位下降、土地荒漠化的直接原因。

3. 严格执行计划生育政策，控制人口的过速增长，不断提高人口素质。通过开展环保意识的宣传教育，提高全民族的思想认识水平。关心、爱护环境，自觉地参与改造和建设环境，形成全社会的风尚。同时，国家要有计划地对局部荒漠化非常严重，草地和耕地几乎完全废弃，恶劣的自然环境已经不适于人类生存的地区，实行生态移民。

4. 扭转靠天养畜的落后局面，减轻对草场的破坏。要落实草原承包责任制，规定合理的载畜量，大力推行围栏封育、轮封轮牧，大力发展人工草地或人工改良草

103

地，发展舍饲养畜。加快优良畜种培育，优化畜种结构。

5. 加快产业结构调整，按照市场要求合理配置农、林、牧、副各业比例，积极发展养殖业、加工业，分流农村剩余劳动力，减轻人口对土地的压力。还可利用荒漠化地区蕴藏着多种独特的资源，如光热、自然景观、文化民俗、富余劳动力等资源优势开发旅游、探险、科考产业等。

6. 优化农牧区能源结构，大力倡导和鼓励人民群众利用非常规能源，如风能、光能、沼气等能源，以减轻对林、草地等资源的破坏。

7. 做好国际履约工作的同时，加强防治荒漠化的国际交流与合作，争取资金与外援。

防沙治沙，事关中华民族的生存与发展，事关全球生态安全。当前，要落实上述目标，既需要全社会的广泛参与，更需要从制度、政策、机制、法律、科技、监督等方面采取有效措施，处理好资源、人口、环境之间的关系，促进荒漠化防治工作的有序发展。

> ### 世界防治荒漠化和干旱日

　　面对日益加剧的荒漠化进程，1992年6月1日至12日在巴西首都里约热内卢召开的有100多个国家元首或政府首脑参加的联合国环境与发展大会上，将防治荒漠化列为国际社会优先采取行动的领域。

　　联合国环发大会以后，联合国通过一项新的决议，就防治荒漠化公约进行全球谈判。先后在内罗毕、日内瓦、纽约、巴黎召开过5次会议。第4次会议于1994年6月6日至18日在法国巴黎召开，6月17日通过了《联合国关于在发生严重干旱和（或）荒漠化的国家特别是在非洲防治荒漠化公约》。1994年10月，112个国家的代表会聚巴黎，举行了公约签字仪式。同年12月，联合国大会通过49/115号决议，确定公约通过的日子——6月17日为"世界防治荒漠化和干旱日"。这个世界日意味着人类共同行动同荒漠化抗争从此揭开了新的篇章，为防治土地荒漠化，全世界正迈出共同步伐。

世界防治荒漠化和干旱日徽标

ENHANCING SOILS ANYWHERE
ENHANCES LIFE EVERYWHERE

105

人类的反思 〉

翻阅一下人类文明的历史不难看到，由于人类的无知和傲慢而造成土壤破坏的事例比比皆是，卡特和戴尔在名著《土地和文明》中写道："人类踏着大步前进，在这走过的地方留下一片荒野。"尼罗河流域、两河流域、印度河口、黄河流域等古代文明发祥地，现在都变成了荒漠。在几经盛衰的北部伊拉克、叙利亚、黎巴嫩、巴勒斯坦、突尼斯、克里特、希腊、意大利、西西里、墨西哥、秘鲁……也到处可以看到土壤流失所造成的荒漠景象。这些景象比其他什么都更有力地证明了，人类在文明的旗号下对于环境的掠夺达到何种激烈的程度。

荒漠化的发生、发展和社会经济有着密切的关系。人类不合理的经济活动不仅是荒漠化的主要原因，反过来人类又是它的直接受害者。与荒漠化有关的社会经济因素有人口剧增、过度耕种、过度放牧、毁林和低下的灌溉水平有关。人口的高增长率在土地荒漠化过程中起着主要作用。森林的大量砍伐，土地的大规模开垦，工矿、交通的开发对生态环境造成严重破坏。

自然的荒漠化现象是一种以数百年到数千年为单位的漫长的地表变化。而现在发生的这种全球性人为的荒漠化则是以１０年

为单位的看得见的土地荒废。在几乎没有降雨的荒漠地带，人类无法居住。但是，在与此相邻的半干旱地带也有生产能力较高的地区。在这些地区，游牧民和农民巧妙地生活着。然而这些地区也正在受到过度开发，森林被烧毁或砍伐，变成了热带深草原，热带深草原再经受过度的农耕和放牧，土壤干燥化进一步加剧，仅存的植物在人类和牲畜的破坏下荡然无存，逐渐演化为荒漠。

现有过高的人口增长率（每年超过3%-3.5%）增大了对现有土地的压力，使生产边界线推移到濒临荒漠化危险的境地，农业向脆弱生态带扩张。结果使潜在荒漠化的土地演化为正在发展中的荒漠化土地。

世界人口每年都在增加，而农业用地增加几乎处于停滞状态。为了养活不断增加的人口，唯一的办法就是依靠增加灌溉来提高农业的生产量。但是，随着灌溉面积的不断扩大，随之带来了盐分的蓄积。引起盐渍原因有两个：一个是灌溉用水中含有盐分，这些盐分在土壤中不断蓄积；另一个是底层土壤中含有的盐分被灌溉用水所溶解，随着水分的蒸发，盐分残留在地表。后者为甚。两河流域古代文明的崩溃原因，一般认为是盐渍所致。过度放牧也是撒哈拉地区２０世纪70年代发生大旱灾的原因之一。

沙尘天气与沙尘暴 >

沙尘天气是风将地面尘土、沙粒卷入空中，使空气混浊的一种天气现象的统称，包括浮尘、扬沙、沙尘暴。其中，沙尘暴又分为沙尘暴、强沙尘暴和特强沙尘暴3个等级。浮尘：当天气条件为无风或平均风速≤3.0m/s时，尘沙飘浮在空中，使水平能见度小于10千米的天气现象。扬沙：风将地面尘沙吹起，使空气相当混浊，水平能见度在1~10千米以内的天气现象。

沙尘暴是沙暴和尘暴两者兼有的总称，是指强风把地面大量沙尘物质吹起并卷入空中，使空气特别混浊，水平能见度小于1000米的严重风沙天气现象。

其中沙暴系指大风把大量沙粒吹入近地层所形成的挟沙风暴；尘暴则是大风把大量尘埃及其他细粒物质卷入高空所形成的风暴。广义的沙尘暴可分为3个级别：

沙尘暴：强风将地面尘沙吹起，使空气很混浊，水平能见度小于1000米的天气现象。

强沙尘暴：大风将地面尘沙吹起，使空气非常混浊，水平能见度小于500米的天气现象。

特强沙尘暴：狂风将地面尘沙吹起，使空气特别混浊，水平能见度小于50米的天气现象。

大漠风情录

• 沙尘暴天气生活避险常识

1. 沙尘暴即将或已经发生时，居民应尽量减少外出，未成年人不宜外出，如果因特殊情况需要外出的，应由成年人陪同。

2. 接到沙尘暴预警后，学校、幼儿院要推迟上学或者放学，直到沙尘暴结束。

如果沙尘暴持续时间长，学生应由家长亲自接送或老师护送回家。

3. 发生沙尘暴时，不宜在室外进行体育运动和休闲活动，应立即停止一切露天集体活动，并将人员疏散到安全的地方躲避。

　　4. 沙尘天气发生时，行人骑车要谨慎，应减速慢行。若能见度差，视线不好，应靠跸边推行。行人过马路要注意安全，不要贸然横穿马路。

　　5. 发生沙尘暴时，行人特别是小孩要远离水渠、水沟、水库等，避免落水发生溺水事故。

　　6. 沙尘暴如果伴有大风，行人要远离高层建筑、工地、广告牌、老树、枯树等，以免被高空坠落物砸伤。

　　7. 发生沙尘暴时，行人要在牢固、没有下落物的背风处躲避。行人在途中突然遭遇强沙尘暴，应寻找安全地点就地躲避。

　　8. 发生风沙天气时，不要将机动车辆停靠在高楼、大树下方，以免玻璃、树枝等坠落物损坏车辆，或防止车辆被倒伏的大树砸坏。

　　9. 风沙天气结束后，要及时清理机动车表面沉积的尘沙，保护好车体漆面。同时，注意清除发动机舱盖内沉积的细小颗粒，防止发动机零件损作。

• 沙尘暴天气健康防护常识

1. 沙尘暴天气若需要外出，居民应戴好口罩或纱巾等防尘用品，以避免风沙对呼吸道和眼睛造成损伤。

2. 沙尘暴已经发生时，居民应及时关闭好门窗，以防止沙尘进入室内。室内应使用加湿器、洒水或用湿墩布拖地等方法清理灰尘，保持空气湿度适宜，以免尘土飞扬。

3. 人们从风沙天气的户外进入室内，应及时清洗面部，用清水漱口，清理鼻腔，有条件的应该洗浴，并及时更换衣服，保持身体洁净舒适。

4. 风沙天气发生时，呼吸道疾病患者、对风沙比较敏感人员不要到室外活动。近视患者不宜佩戴隐形眼镜，以免引起眼部炎症。

5. 沙尘天气一旦有沙尘吹入眼内，不要用脏手揉搓，应尽快用清水冲洗或滴眼药水，保持眼睛湿润易于尘沙流出。如仍有不适，应及时就医。

6. 沙尘天气空气比较干燥，应多喝水，多吃水果。沙尘天气结束后，如感到呼吸系统有不适，应及时到医院就诊。

7. 沙尘暴结束后，市政环卫部门要及时洒水清扫城市街道、院落沉积的大量沙尘，防止尘土飞扬，造成空气污染。

• 沙尘暴天气安全生产常识

1. 沙尘暴频发地区，牧民一般要建有保温保暖封闭式牲畜圈舍。沙尘暴到来前，关好门窗，拉下圈棚，防止沙尘大量飘入。

2. 接到沙尘暴预警后，牧区牧民应及时将牛、羊等牲畜赶回圈舍，以免走失。沙尘暴发生时，若牲畜远离居民点，牧民应尽快将牲畜赶到就近背风处躲避。

3. 接到大风沙尘天气警报后，农民应采取适当措施加固温室大棚、地膜等基础设施，避免破坏和损失。

4. 发生沙尘暴时，野外工作人员或正在田间劳动的农民，应立即回家或寻找安全的地方躲避。如果沙尘天气持续时间较长，应设法与救援人员取得联系，不要盲目行动。

5. 沙尘暴天气空气干燥，易引发火灾，应注意草原、森林和人口密集区等发生重大火灾事故。

6. 接到沙尘天气预警后，医院、食品加工厂、精密仪器生产或使用单位要加强防尘措施，食品、药品和重要精密仪器要做好密封。

7. 接到沙尘暴预警信息后，有关单位要妥善放置易受大风影响的物资，加固围板、棚架、广告牌等易被风吹动的搭建物。建筑工地要覆盖好裸露沙土和废弃物，以免尘土飞扬。

8. 强沙尘暴发生时，应停止一切露天生产活动和高空、水上等户外危险作业，工人应暂时集中在室内躲避。

9. 接到沙尘暴预警信息后，各级政府及相关部门要采取适当措施，防止风沙对农业、林业、水利、牧业以及交通、电力、通讯等基础设施的影响和危害。

• 沙尘暴天气交通避险常识

1. 接到沙尘天气预警信息或已经出现沙尘暴天气时，机场、高速公路、铁路等部门要做好交通安全防护措施，科学调度，确保交通安全。

2. 在公路上驾驶机动车遭遇沙尘暴，应低速慢行。能见度太差时，要及时开启大灯、雾灯。必要时驶入紧急停车带或在安全的地方停靠，乘客要视情况选择安全的地方躲避。

3. 轻型机动车在公路上高速行驶中可能会被大风掀翻，所以要在轻型车上放一些重物，但必须固定，或者慢速行驶。

4. 发生沙尘暴时，如果风力过大或能见度低于规定标准，高速公路管理部门应暂时封闭高速公路，避免发生交通事故。

5. 火车行驶途中如果遇到沙尘暴，应减速慢行。当风力较大或能见度很低不宜继续行驶时，火车应进站停靠避风，等沙尘暴过后再继续行驶。

6. 沙尘天气条件下，空中交通管制部门根据机场天气状况合理控制飞行流量，保证进出机场航班的安全起降。

7. 飞机起飞后，如果目的地机场受沙尘天气影响，能见度低，不具备降落条件，飞机应及时调整航线，或就近备降其他机场。

8. 发生特强沙尘暴时，如果天气条件特别恶劣，飞机、火车、长途客车等应暂时停飞、停运。

 《联合国防治土地沙漠化公约》

　　《联合国防治土地沙漠化公约》是唯一国际认可、具有法律效力，能够解除干旱地区土地退化问题的文件，共有 191 个成员国。在国际资金机构"全球环境基金"的协助下，《联合国防治土地沙漠化公约》针对解决土地退化问题（特别是非洲）引进了不少所需资金。

　　《联合国防治土地沙漠化公约》秘书长认为，环境退化在国家安全和世界稳定中起着重要的作用。因此，土壤沙漠化对人类安全来说是一个威胁。同时，国际沙漠与沙漠化年还巩固了解决干旱地区问题在全球环境日程中的重要性，加强了土地退化问题的全球性措施。全球所有国家和社会组织都已经准备好承担起职责，为国际沙漠与沙漠化年添砖加瓦。

　　联合国教科文组织与《联合国防治土地沙漠化公约》一起编印了一套关于土壤沙漠化的教科书，并已经分发给了全球各地几千所学校。教材拥有多种语言的版本，包括：阿拉伯语、口文、英语、法语、德语、印度语、蒙古语、俄语和西班牙语。

沙漠探险须知 >

　　要进入沙漠地区旅行，首先要做的工作就是要尽量多地了解有关的信息，包括路途、有特点的地形地貌、气候变化特点、动植物等，特别重要的一点是有关水源的信息：在你的旅途中哪里有绿洲，哪里有水井与水坑，哪里有季节性河流且什么季节有水。一定要根据这些信息事先做好详细的行动计划。

• 水

在沙漠里求生的机会有多大，最重要的一条就是你能否补充水和保护自己避免阳光暴晒汗水大量流失。如果你已远离了已知的水源，如何才能找到水？

1. 可以在干枯的河床外弯最低点、沙丘的最低点处挖掘，可能找到地下水。

2. 沙漠植物的根部含有一些水分，可以挖出榨取汁液饮用。

3. 由于沙漠地区的昼夜温差很大，可以采用冷凝法获得淡水。具体方法是地上挖一个直径 90 厘米左右，深 45 厘米的坑。在坑里的空气和土壤迅速升温，产生蒸汽。当水蒸气达到饱和时，会在塑料布内面凝结成水滴，滴入下面的容器，使我们得到宝贵的水。这种方法，在昼夜温差较大的沙漠地区，一昼夜至少可以得到 500 毫升以上的水。用这种方法还可以蒸馏过滤无法直接饮用的脏水。

4. 还可以根据沙漠中的动植物来寻找水源。

大部分的动物都要定时饮水。草食动物不会远离水源，它们通常在清晨和黄昏到固定的地方饮水，一般只要找到它们经常路过踏出的小径，向地势较低的地方寻找，就可以发现水源。

肉食动物可以从它们的猎物体内得到水分，所以它们可以较长时间不饮水，因此肉食动物活动的区域不一定能找到水。

肉食性鸟类如老鹰和水鸟类可以很长时间不饮水，所以看到它们不一定周围有水。

沙漠和干旱地区，看到爬虫类动物时，不能表示周围地区有水。因为它们很可能靠吸取露水或从猎物身体内得到水分，可以长期不喝水。

发现昆虫是一个很好的水源标志。尤其是蜜蜂，它们离开蜂巢不会超过 6.5 千米，但它们没有固定的活动时间规律。大部分种类的苍蝇活动范围都不会超过离水源 100 米的范围，如果发现苍蝇，有水的地方就在你附近。

• 如何才能保持身体内水分不流失

根据已知的实验结果我们知道一般人在缺水的情况下，如果一直在能遮挡阳光的地方休息，在气温48℃左右能坚持两天半，在21℃下能生存12天。

如果被迫要行走到安全的地方，能走多远，完全要看有多少水了。如果没有水，在白天气温48℃的情况下，采取白天休息夜里行军的方法，可以走40千米。如果必须在白天阳光暴晒下走，则超不过8千米。在同样条件下，如果有2升水，则可以走56千米，并坚持3天。如果每天有超过4.5升的水，存活的机会才会大幅度增加。

●为了防止身体内水分的流失，要尽量做到以下几点：

●多休息，少用力。

●勿抽烟。

●尽量呆在阳光直接照射不到的阴凉处。如果找不到，可以自己做一个遮挡阳光的东西。

●不要直接躺在燥热的地面上。

●尽量不要吃东西，或尽量少吃。因为身体在缺水的情况下，会从各个器官组织中吸取水分来消化食物。

●千万不要喝酒，酒精也必须从身体的各器官中吸取水分才能分解。

●不要用嘴呼吸。用鼻子呼吸且不要多说话。

在长时间没有水喝，最终终于找到水时，千万不可拼命大口猛喝。快要脱水的人如果猛喝水，将会导致呕吐，而使体内失去更多的水分。

• 衣物

在沙漠中遇险，千万不可脱去衣物，衣服不仅可以防止皮肤被强烈的阳光灼伤，还可以有效地保持身体的水分流失。最好穿着宽松的衣服，让身体和皮肤之间保持一层隔热的空气。注意最好将头和脚都遮盖起来。

• 遮盖物

如果是白天在沙漠中遇险，首先要采取措施找一个阳光不能直接照射到的地方躺下来休息。可利用岩石的突出部分和干沟的岩壁所提供的阴影迅速躺下休息，等到天黑以后再想办法。

• 火

在沙漠中，火和烟既是醒目的信号又可用来烧煮食物或夜间用来取暖。在沙漠或干旱地区灌木和杂草都是干燥易燃的，可以用来做燃料，动物如骆驼等的粪便也可用作燃料。如果找不到天然燃料，可以用容器装入沙土掺入一些汽油和机油，点燃后也可燃烧很长时间。

• 食物

在沙漠里，炎热的天气肯定会影响食欲，不要勉强吃东西。高蛋白食物会增加身体的热量，加速体内水分的流失。消化任何食物都要消耗体内的水分，如果缺水，最好不吃食物或只吃含有水分的食物如水果蔬菜等。

有一点，在沙漠地区，食物极易腐败，任何食物要争取尽快吃完。千万不可吃变质的食物，以免影响身体健康。

121

• 健康

● 在沙漠里，极度干燥或暴晒会引起许多疾病。

● 持续大量排汗会导致体内盐分大量损失而引起抽筋。

● 排汗和衣物的摩擦会导致汗腺堵塞，使身体长痱子。

● 过热而导致的痉挛会引起热衰竭。

● 便秘和小便疼痛也很常见。

只要随时注意遮盖好头部、身体和手脚，白天呆在阴凉处休息，太阳落山后再出来活动，就可以有效避免这些疾病的发生。

沙漠温差很大，以10月、11月为例，白天地表温度可达50℃上下，夜晚则可降至0℃以下，11月如遇寒流温度可降至零下10℃以下，因此沙漠探险中，冬季、夏季服装都应备妥，白天沙漠的阳光会灼伤皮肤，你可以选择长衫、长裤，但长裤在艰难的行进中会大大消耗你的体力，因而尽量选择短裤。最难忍的灼伤皮肤情况将会出现在后脖颈上，你的衣领摩擦在脖子上会疼痛无比，最简易的办法是带顶遮阳帽，并在帽子的后面压一块白手帕以阻挡强烈的阳光。

防晒油在沙漠中是不适用的。沙漠中的沙和海滩上的沙完全不同，它是极细的微尘，微弱的风和轻轻的脚步就会把它扬起，假如你擦了防晒油，这些沙尘会让你的皮肤变成细沙纸。一双合脚的沙漠靴是最重要的，一定要高靿、柔软，如果是新鞋，最好在进入沙漠前，先在城市中穿一两个星期，"磨合"好了再穿进沙漠。太阳镜最好有两副，一副是平时使用，另一种是防风沙的，可用摩托镜或滑雪镜。一个大号水壶、一筒爽身粉、手电筒、宽胶带、小圆镜、塑料袋等等小物品都会在沙漠中给你带来意想不到的方便。比如爽身粉可以擦在你运动时经常被摩擦身体部位；小圆镜用于求生时反射信号；塑料袋用于防尘。

神秘的楼兰古国 〉

青海长云暗雪山，孤城遥望玉门关。

黄沙百战穿金甲，不破楼兰终不还。

这是唐代著名诗人王昌龄写的《从军行》。诗中的楼兰，是汉代西域的一个小国的名字，在塔克拉玛干沙漠的东部罗布泊地区。据说，古时的楼兰曾经是繁荣富庶的国家，它地处丝绸之路的要道，周围绿树环绕，水流清澈，水土肥美。这里商业发达，寺院林立，还能制造铁的工具和兵器。

据史书记载，汉朝时它改名为鄯善国，成为西域重镇；三国时期，属于魏国；西晋时期，封鄯善王为归义侯；到了公元4世纪，他为零丁国所灭，此后，便消失了。到了唐代，已经找不到它了，王昌龄写的"楼兰"只是西域的象征罢了。元朝时候，马可·波罗向往楼兰，但也无法找到它。它就这样神秘地消失了，无任何记载，无声无息地消失了。

面对茫茫的沙漠，人们不禁要问：楼兰古国是怎样消失的？千百年来，进入塔克拉玛干沙漠的考古队一次次地深入到这白骨遍地的不毛之地，带着期望而来，怀着失望而归。有的甚至一去不复返，也消失在风沙荒漠之中了。

直到1900年，它才重见天日，神秘地再现了。那是瑞典的一支探险队，来到了荒凉的塔克拉玛干罗布泊一带。带路的向导爱尔迪克在迷路时，偶然发现了一处废弃古城的遗址。第二年，这支探险队又来到这里，发掘出大量的文物，其中包括古钱币、丝织品、粮食、陶器、毛笔、竹简等等。经过鉴定，这就是古楼兰。从此，楼兰成为了这里著名的考古圣地，许多有价值的文物被一些外国考古队盗走了。

1979年，我国新疆考古研究所组织了楼兰考古队，进驻楼兰，唤醒了沉睡的

古城。在这里，出土了4000年前的楼兰女尸，发掘了古城的建筑遗址，还有大量的石器、铜铁器、饰物、文书等等，往昔楼兰的繁荣仿佛又展现在人们的面前。

先看看著名的"楼兰女尸"。在通往楼兰的古老通道上，有一大批古墓。在一座座奇特而壮观的古墓里，发现了几具完好的楼兰女尸。这些女尸脸庞不大，下颏尖圆，高鼻梁大眼睛，双眼微闭，体态安详，几乎个个是年轻貌美的姑娘。这些姑娘都是裸体，周身裹毛织布毯，以骨针或木针连缀为扣，双脚穿短统皮靴。她们的头上戴有素色小毛毡帽，帽缘缀红色毛线，帽边还插几支色彩斑斓的雉翎。墓中出土的器物种类很多，有木器、骨器、角器、石器、草编器等。其中木器还有盆、碗、杯和锯齿形刻木。为什么这些女尸在这里沉睡千百年都保存得如此完好？这些女尸是些什么人？都有待人们去深入地研究和考证。

再看看楼兰古城的面貌。这里东西长335米，总面积10万平方米。城墙采用夯筑法建造，与敦煌附近的汉长城相似。城墙的四方还有城门。城内有石砌的渠道。城区以古渠道为中轴线，分为东北和西南两大部分。东北部以佛塔为标志，西南部以"三间房"为重点，散布着一些大小宅院。

佛塔的外形如同覆钵，与古印度佛塔相

似。在佛塔附近，考古队发现了木雕坐佛像和饰有莲花的铜长柄香炉等物品。还采集到了许多精美的丝毛织品，东汉和西汉的五铢钱、各色饰珠，来自外国的贝壳、珊瑚等等。大量的物品表明，这里曾是"丝绸之路"上贸易的中继站，有过辉煌繁华的昨天。

"三间房"遗迹，是楼兰古城中用土垒砌的唯一现存的建筑遗迹。考古人员在此清理出了织锦、丝绢、棉布和小陶灯等物，还发现了一件比较完整的汉代文书。从文书的内容上判断，这里是个官署。考古队在三间房西南的宅院遗址里，清理出了骨雕花押、门斗、木盘、木桶、木纺轮、牛骨、羊骨等等，呈现在眼前的众多器物，都在无声地诉说着这里昔日的文明和沧海桑田。

楼兰，这样一个绿洲，一个楼兰人世代眷恋的家园，为什么突然人去"楼"空，成了一片荒沙掩埋的废墟？从这里发掘的文书中知道，当时士兵的口粮越来越少，用水紧张，不能耕种……推断这些困境出现的主要原因是环境恶化，生态失衡，水源日益不足。这一切都表明，4世纪时，罗布泊地区的自然环境变化很大，楼兰人曾和恶劣的自然环境斗争过，但最终没有回天之力，只好放弃这美好的家园。那么，这些楼兰人迁居到哪里去了呢？他们的后代是谁？至今仍然无人能够破解。

图书在版编目（CIP）数据

大漠风情录 / 王诗涵编著. –– 北京 : 现代出版社,
2014.1

ISBN 978-7-5143-2110-4

Ⅰ.①大… Ⅱ.①王… Ⅲ.①沙漠－青年读物②沙漠
－少年读物 Ⅳ.①P941.73–49

中国版本图书馆CIP数据核字(2014)第006658号

大漠风情录

作　　者	王诗涵	
责任编辑	王敬一	
出版发行	现代出版社	
地　　址	北京市安定门外安华里504号	
邮政编码	100011	
电　　话	(010) 64267325	
传　　真	(010) 64245264	
电子邮箱	xiandai@cnpitc.com.cn	
网　　址	www.modernpress.com.cn	
印　　刷	汇昌印刷（天津）有限公司	
开　　本	710×1000　1/16	
印　　张	8	
版　　次	2014年1月第1版　2021年3月第3次印刷	
书　　号	ISBN 978-7-5143-2110-4	
定　　价	29.80元	